Zhongguo Wenhua Zhishi Duben

中国文化知识读本

主编 金开诚

编著 黄为放

吉林出版集团有限责任公司

吉林文史出版社

图书在版编目（CIP）数据

丝绸文化 / 黄为放编著 . —长春：吉林出版集团有限责任公司：吉林文史出版社，2009.12（2022.1 重印）
（中国文化知识读本）
ISBN 978-7-5463-1685-7

Ⅰ . ①丝… Ⅱ . ①黄… Ⅲ . ①丝绸－文化－中国
Ⅳ . ① TS14-092

中国版本图书馆 CIP 数据核字（2009）第 236872 号

丝绸文化

SICHOU WENHUA

主编/ 金开诚 编著/黄为放
责任编辑/曹恒 崔博华 责任校对/王明智
装帧设计/曹恒 摄影/金诚 图片整理/董昕瑜
出版发行/吉林文史出版社 吉林出版集团有限责任公司
地址/长春市人民大街4646号 邮编/130021
电话/0431-86037503 传真/0431-86037589
印刷 / 三河市金兆印刷装订有限公司
版次 /2009 年 12 月第 1 版 2022 年 1 月第 4 次印刷
开本/650mm×960mm 1/16
印张/8 字数/30千
书号/ISBN 978-7-5463-1685-7
定价/34.80元

关于《中国文化知识读本》

文化是一种社会现象，是人类物质文明和精神文明有机融合的产物；同时又是一种历史现象，是社会的历史沉积。当今世界，随着经济全球化进程的加快，人们也越来越重视本民族的文化。我们只有加强对本民族文化的继承和创新，才能更好地弘扬民族精神，增强民族凝聚力。历史经验告诉我们，任何一个民族要想屹立于世界民族之林，必须具有自尊、自信、自强的民族意识。文化是维系一个民族生存和发展的强大动力。一个民族的存在依赖文化，文化的解体就是一个民族的消亡。

随着我国综合国力的日益强大，广大民众对重塑民族自尊心和自豪感的愿望日益迫切。作为民族大家庭中的一员，将源远流长、博大精深的中国文化继承并传播给广大群众，特别是青年一代，是我们出版人义不容辞的责任。

《中国文化知识读本》是由吉林出版集团有限责任公司和吉林文史出版社组织国内知名专家学者编写的一套旨在传播中华五千年优秀传统文化，提高全民文化修养的大型知识读本。该书在深入挖掘和整理中华优秀传统文化成果的同时，结合社会发展，注入了时代精神。书中优美生动的文字、简明通俗的语言、图文并茂的形式，把中国文化中的物态文化、制度文化、行为文化、精神文化等知识要点全面展示给读者。点点滴滴的文化知识仿佛繁星，组成了灿烂辉煌的中国文化的天穹。

希望本书能为弘扬中华五千年优秀传统文化、增强各民族团结、构建社会主义和谐社会尽一份绵薄之力，也坚信我们的中华民族一定能够早日实现伟大复兴！

目录

一 采桑养蚕的起源

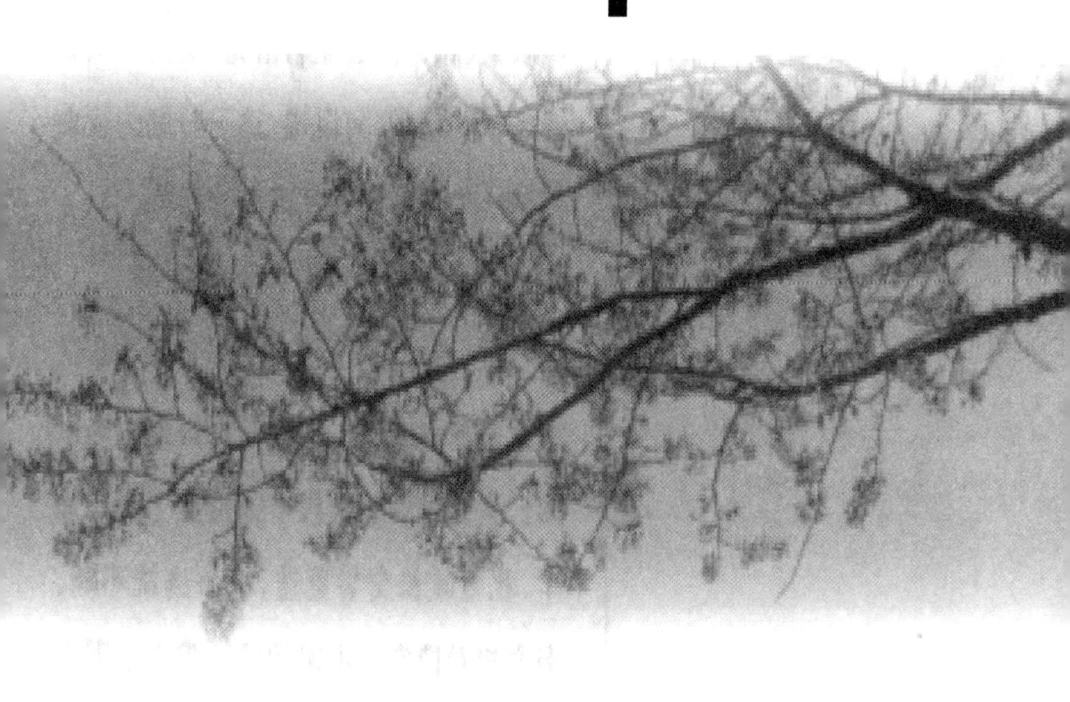

（一）桑蚕丝绸起源的神话传说

全新世大暖期（大西洋期）为中国的黄河、长江流域带来了温暖的气候，令桑树和蚕的养殖可以在中华民族的发源地广泛地进行。我们的祖先除了种植粮食、追捕猎物外，还主动地把野蚕从户外带入家中，把桑树移入院内，进行最早的缫丝生产。但谁是第一个教会大家采桑养蚕的人呢？由于缺乏史料的记载，我们的先人畅想出了一个个美丽的传说。

先让我们看一看“蚕神献丝”的故事。黄帝战胜蚩尤以后，为了庆祝战争的胜利，大摆宴席，犒赏三军。在这个万众庆功、

黄帝塑像

蚕神彩塑

皆大欢喜的时刻，只见一个身披马皮的美丽姑娘，从天空徐徐降落，她手里拿着黄、白两绞蚕丝，黄的像金子，白的似白银，前来献给黄帝。姑娘告诉黄帝她就是蚕神。这张马皮紧紧地黏附在姑娘身上，根本无法揭取下来，如果她把马皮两边的边沿拉拢一下，包住自己的身体，那么她立即就会变成一条长有马一样头的蚕，而且还能接连不断地从嘴里吐出细长的闪闪发亮的丝来。黄帝见到这美丽而稀有的东西，称赞不已："好啊，这下天下老百姓可以过上更好的日子了！"蚕神见黄帝如此关怀子民，深受感动，她毫不迟疑地拉拢马皮，变成一条蚕，嘴里吐出黄、白两种丝来。这时黄帝很高兴，立即派人把蚕送给妻子嫘祖。她听说这件事后，亲手把蚕放到桑树上，每天精心看管养育。嫘祖一养蚕，人民也纷纷仿效，蚕种孳生繁衍，这样一来，采桑、养蚕、织丝这诗歌般的美丽欢快的劳动，就成为中国古代妇女们的专业。

还有的书中说采桑养蚕就是黄帝贤惠善良的妻子嫘祖发明创造的。传说有一次嫘祖在野桑林里喝水，树上有野蚕茧落下掉入了水碗，待用树枝挑捞时挂出了蚕丝，而且连绵不断，愈抽愈长，嫘祖便用它来纺线织衣，并开始驯育野蚕。嫘祖被后世祀为先蚕娘娘，历朝历代

嫘祖像

都有王后嫔妃祭先蚕娘娘的仪式。当然还有元始天尊怜悯人间无以御寒而自化作蚕儿造福人类，也就是“天神化蚕”的传说。根据《史记》《周易》《诗经》的记载，又有关于太昊伏羲氏和炎帝神农氏教民农桑的故事。

嫘祖庙

可以说关于采桑养蚕的神话传说是很多的，内容、时间、主要人物各有不同，并且史料均有记载。但是，在众多的圣贤人物之外，勤劳朴实、沉潜内敛的中国劳动人民更愿意接受黄帝的妻子——贤惠善良的嫘祖作为养蚕业的开山始祖。嫘祖被后世祀为先蚕娘娘，在很多养蚕区都可以看到一些蚕神庙和先蚕祠，供奉着“先蚕”嫘祖。

神话传说当然不足为据，这是在社会生产力低下、科学文化水平不发达的情况下，人们自己的主观臆断，是美好的，却是不切实际的。正如其他农业生产的发明一样，不能将其归功于史前时期一两个英雄人物身上，其实一项伟大的发明往往是凝聚了我国古代劳动人民几代人的心血，是他们智慧和力量的结晶。

（二）从考古发掘来看桑蚕丝绸的起源

20世纪90年代以来，在我国文明的发源地黄河流域和长江流域大量关于采桑养蚕和丝绸纺织文物的出土，为我们了解丝绸最早的起源和发展情况提供了翔实的实物证据。蚕茧的利用，家蚕的养殖和丝绸的生产，从出土实物来看，早在新石器时代（大约距今一万年至五千多年）就已经开始了。

1926年春天，清华大学考古队在山西夏县西阴村一处遗址中，发现了一颗被割掉了一半的丝质茧壳，虽然已经部分腐蚀，但仍有光泽，而且茧壳的切割面极为平直，其时代距今约六千年左右。据专家研究，古人切割蚕茧的目的可能是要吃里面的蚕蛹。所以，推测这时的蚕茧尚未被人们认识到可以抽丝织衣，但是在扒茧吃蛹的过程中，人们一定会发现那光亮坚韧的丝绒，触动人们开始利用茧丝，从而导致原始的纺织技术和丝绸的出现。

1958年，浙江吴兴的钱山漾出土了一批丝线、丝带和没有碳化的绢片，经测定据今约四千七百多年，这是目前发现的中

蚕茧

国南方最早的丝绸织物成品。这块绢片呈黄褐色，为家蚕丝织成，采用平纹织法，经纬线均由20根单蚕丝并合成一股丝线，交织而成。经纬密度为经密每厘米52根，纬密每厘米45根。专家们据此推断当时的人们已经掌握了原始的缫丝技术，并且可能已有原始的纺织工具。

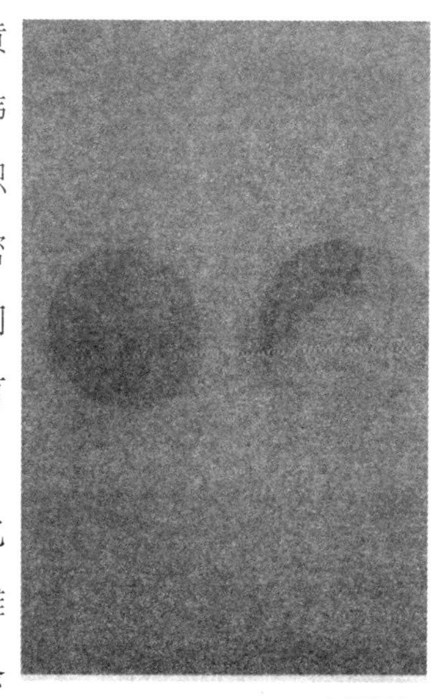
灰陶纺轮

1973年，在浙江余姚河姆渡新石器文化（距今七千年前）遗址中出土了一个盅形雕器，在这件文物上刻有四条蚕纹，仿佛四条蚕还在向前蜿蜒爬行，头部和身躯上的横节纹也非常清晰，应是一种野蚕。

1984年，河南荥阳县青台村一处仰韶文化（距今五千多年，以彩绘陶器为特征）遗址中发现了距今五千五百年的丝织品和十枚红陶纺轮，用来包裹儿童的尸体，这正是传说中伏羲氏制作丧服用的“缚帛”，丝织品为平纹织物，浅绛色罗，组织稀疏，可见当时的纺织技术水平还是比较落后的，但这却是迄今为止发现的北方最早的蚕丝。

各地新石器时代遗址中还出土有大量陶质、石质的纺轮和纺锤等纺织工具，如公元前5000年左右的河北磁山遗址、公元前4000年左右的浙江河姆渡遗址、陕西西安半

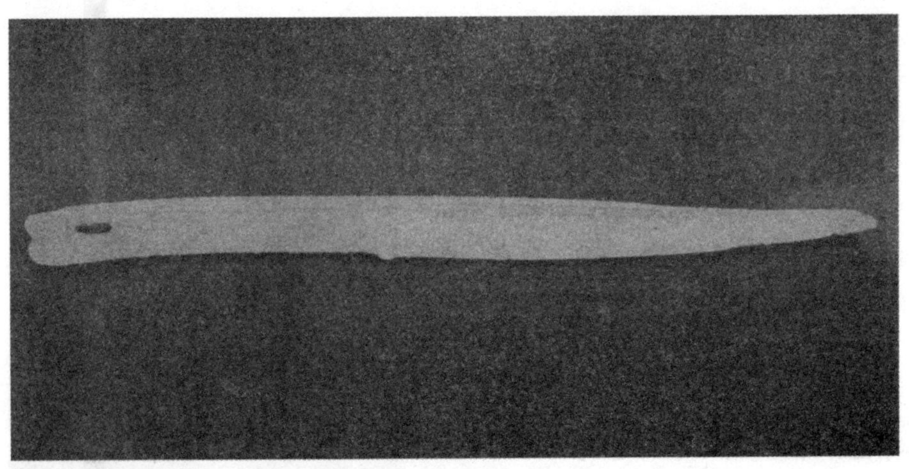

仰韶文化文物——骨刀

坡遗址（黄河流域一处典型的新石器时代文明遗存，距今 6700—5600 年之间），以及临潼姜寨遗址（新石器时代聚落遗址，公元前 4600 年 - 公元前 4400 年）等，都有刻纹的纺轮出现，有的呈扁圆形，有的呈鼓形。

1975 年，河姆渡遗址新石器时代文化层中，不仅出土了木制、陶制的纺轮，还有引纬线用的管状骨针，打纬用的木机刀和骨刀，以及绕线棒等其他形状各异的木棍，很可能也是原始织机的组件，如木机刀、卷布木轴、提综杆等。

在长江中下游的屈家岭文化遗址（位于湖北省京山县，以黑陶为主的文化遗存，距今 4800 年）中，纺轮造型更为丰富，而且有些还加以彩绘，纺轮主要是用来纺线的。之后又出现了带有机械性质的纺织工具。

在仰韶文化遗址中，发现了大理石的蚕形饰物

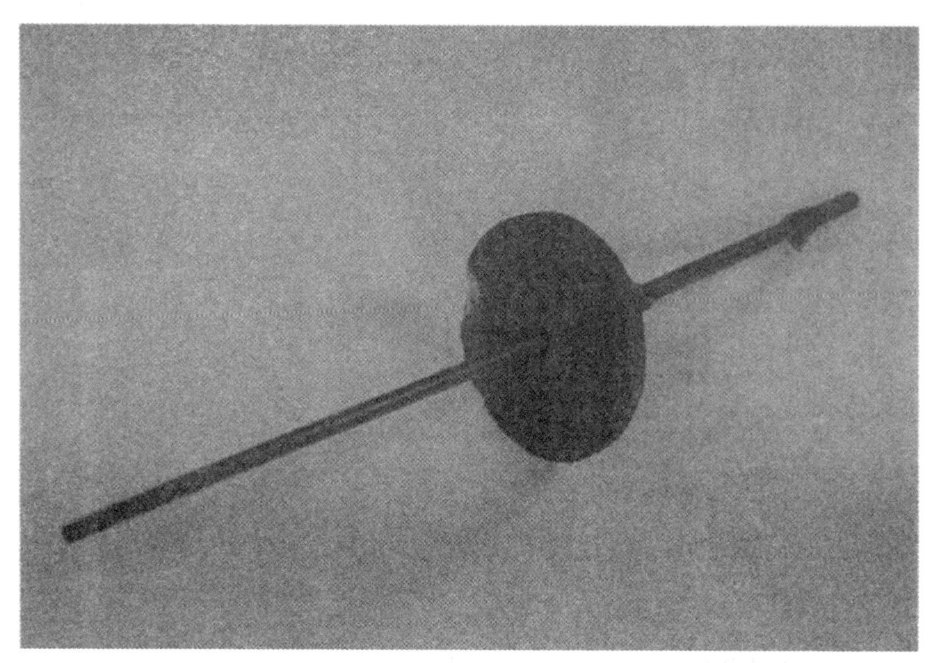

纺轮是我国古代发明的最早的捻线工具

和陶制的蚕蛹形装饰品。良渚文化和河姆渡文化遗址中也有大量的蚕形、蛹形的饰物出土。

总的看来，我国的黄河流域和长江流域地区在新石器时代就广泛地出现了桑蚕丝绸的生产，尽管我们还无法准确确定丝绸产生的最早年代，其起源却并不是单一的或是传承的，而是平行的各自独立发展的。所以说，我国丝绸的发源是多元的。

现在国内外很多人认为，丝绸是在偶然中被先人发现并加以利用的。其中最具代表性的两种说法认为，古人有吃野蚕茧的习惯，在茧中吃出了丝，加以纺织便成了丝绸。还有人认为，古人无意中将野蚕茧丢入水中，并用勺子打捞，拖出

古代采桑养蚕图

长长的丝，纺织后成了丝绸。这里要说明一下，偶然性的说法太单薄，从野蚕变成家蚕是一个漫长艰辛的过程，如果仅从“偶然”角度来解释不合理。特别是从我国丝绸起源的多元性看，“偶然”的想象，不可能在长江、黄河的多个流域多个地点同时发生。所以说采桑养蚕是我国古代劳动人民在生产实践基础上总结的创造性生产活动，充分显示了华夏子孙发展生产和改造大自然的勇气和力量。

二　商周两代的桑蚕丝织业

二 商周两代的桑蚕丝织业

（一）采桑养蚕与农业并重

大约在公元前 22 世纪末一前 21 世纪初，我国第一个奴隶制国家——夏朝建立，标志着我国由生产力低下的原始社会进入了奴隶社会，又经过商朝到西周奴隶制社会发展到了顶峰，再经过春秋争霸直到公元前 475 年，战国七雄并立局面的出现，在漫长的一千五百年间，我国的奴隶社会经历了由产生、发展到高峰的漫长时期。在此期间，采桑养蚕业摆脱了新石器时代的缓慢发展阶段，青铜器取代了原始的石器和木器，有组织的大规模的协作劳动取

商周时期的青铜器

代了个体劳动，加之生产技术的不断进步，采桑养蚕普遍兴起，成了国民经济的重要组成部分。

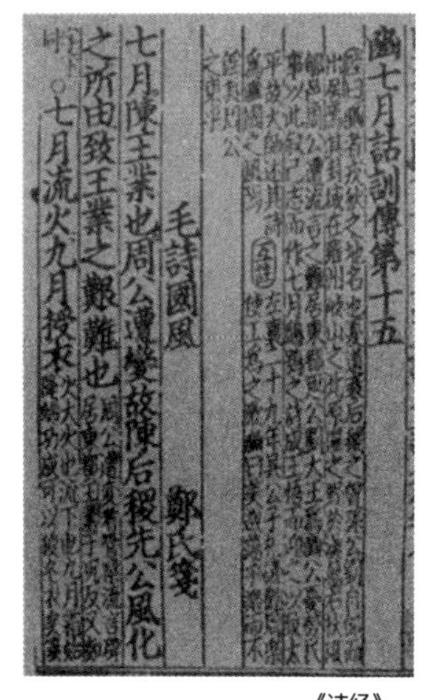
豳七月詁訓傳第十五

毛詩國風　鄭氏箋

七月陳王業也周公遭變故陳后稷先公風化之所由致王業之艱難也

七月流火九月授衣

《诗经》

我国古代的第一部诗歌总集《诗经》中有一篇叫《七月》的长诗，最能反应商周时代的蚕桑生产。

春日载阳，
有鸣仓庚。
女执懿筐，
遵彼微行，
爰求柔桑。
春日迟迟，
采蘩祁祁。
女心伤悲，
殆及公子同归！
蚕月条桑，
取彼斧斨，
以伐远扬，
猗彼女桑。
七月鸣鵙，
八月载绩。
载玄载黄，
我朱孔阳，
为公子裳。

诗中的大意是这样的：春天来到，阳光明媚，黄莺鸟唧唧喳喳叫得忙，姑娘们背着大筐，沿着崎岖的小路走过来，手里忙着采桑。春天里的白天很长，可以把白蒿子采满一筐，但是姑娘心里很发愁，怕跟着小姐去婚配。三月里为桑树修枝，身上带着砍刀，用它把过长的枝条砍掉，再用绳子绑牢嫩桑。七月到了，听到伯劳鸟在叫，八月纺麻就更忙了，染出的丝有黑的也有黄的，大红色的最漂亮，好给小姐做衣裳。

从诗中我们可以看出，女子采蒿子孵蚕，采桑叶喂蚕，男子还要为桑树修枝，之后还要缫丝、染丝、纺织，最后做成衣裳，

缫丝

桑树

从三月到八月，奴隶要忙上整整的一年。这是一系列非常复杂的劳动生产过程，在当时的社会经济环境下，耗费的人力物力是十分巨大的。《诗经》中还有许多关于桑蚕的记载，《魏风》有记载，有些地区种植桑树的土地大到十亩，参与生产的奴隶数目也十分可观。其他很多的史料也有相关的记载，孔颖达在《五经正义》中曰：“蚕事既毕……民又染缯……以此朱为公子衣裳。”怪不得孟子感慨道：“五亩之宅，树之以桑，五十者可以衣帛矣。”就是说如果家里有五亩地都种植上桑树，那么家里连五十岁的老人都可以穿上好看的丝绸衣裳了，可见丝绸生产在当时社会中的地位是举足轻重的。

以上这些史料共同印证了一个事实，蚕

桑纺织也在商周的社会中占有重要的地位，《周礼》记载，庶民不养蚕，就没有帛穿，不纺织，就没有布用。在发掘出的商代的青铜器中，可以看见大量的桑、蚕、丝、帛等文字以及与之相关文字一百多个。

不难看出，奴隶主统治阶级的积极提倡是蚕桑生产进步的重要因素。原因十分简单，于政府可以得到可观的税收，于奴隶主贵族，则可用于衣被或是装饰室内，可惜的是那作为生产劳动主力军的千万奴隶，受尽压榨，特别是精于纺织技术的妇女（当时的养蚕纺织被称为“妇功”），更是付出了倍于男子的劳动力。但是正是这些下层劳动人民的不懈努力，使这一时期的采桑养蚕技术得到了明显的提高。

桑叶呈卵形，是喂蚕的饲料

（二）生产技术与生产工具的进步

采桑养蚕技术的提高主要从两个方面体现出来，第一是桑树的种植。桑树属桑科桑属，为落叶乔木。桑叶呈卵形，是喂蚕的饲料。高干乔木与低干乔木是在商代开始进行人工培养的，我们的祖先很早就采用了压条繁殖法，既便于桑叶的采集又为繁殖良种桑苗开辟了新途经。第二是蚕的饲养。在商周时代，我们的祖先已经对蚕的生长形态，蚕卵——生蚕——化蛹——结茧——化蛾，有了比较深刻的认识，并且应用于生产实践。例如只养春蚕，不养夏蚕，改多化性的野蚕为一化性的家蚕，大大地便利了蚕的培育和生产的过程，在蚕的饲养上也形成了一套完整的理论体系。

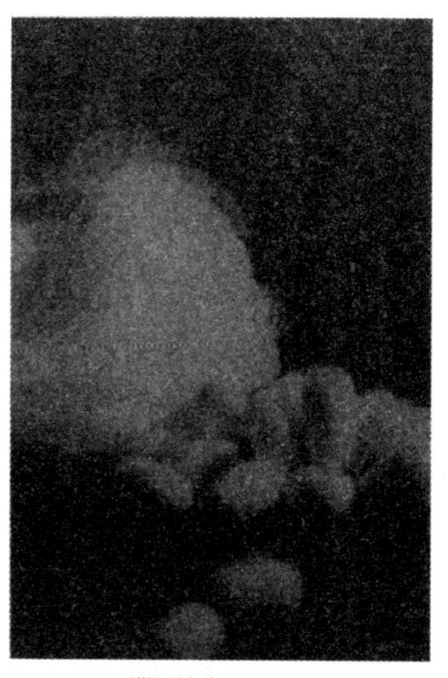

缫丝技术在商代就已经普及

伴随着植桑养蚕技术的进步，丝织技术与丝织工具全面进步。首先，生产工艺完善，形成了缫丝、并丝、捻丝和整经的完整工序。

将蚕茧抽出蚕丝的工艺概称缫丝，它是丝织准备阶段的第一道也是最重要的一道工序。蚕茧丝由丝素和丝胶两部分组成，丝素包裹在丝胶的外面，不易脱落，所以要将蚕茧放入热水中，让丝胶溶解，便于抽丝。早在新石器时代，人们就已经掌握了原始的缫丝方法，将蚕茧浸在热盆汤中，用手抽丝，再用丝掃（用草茎、麻绳编的小掃，把用手抽出的丝缠绕于上面,便于索绪,也叫索绪掃）卷绕于丝筐上。盆、筐、丝掃就是原始的缫丝器具。缫丝技术在商代已经普及，在河南安阳商代墓葬中出土的青铜器上包裹着质地优良的绢痕，还有大量丝织品的残片，均是用长丝织成的。说明当时的缫丝技术已经十分发达。

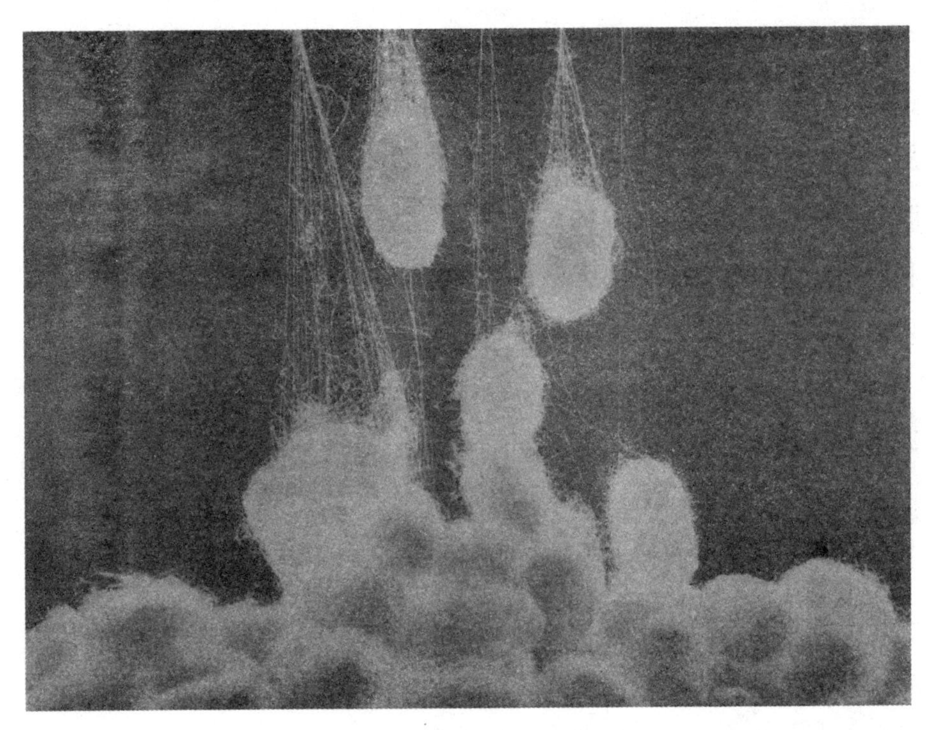

蚕丝

到了西周、春秋，缫丝技术更加娴熟，集体协作性也很强，各个工序的要求也十分严格。在当时较为高级的丝织作坊中，蚕茧都是经过严格挑选的，缫丝用的热水的水温也是经过有经验的人进行严格控制。蚕茧投放水中之后，要连续三次反复地将其按入水中，通过反复地搅动，使蚕丝松懈，再用丝帚等工具进行集绪。

蚕丝十分细，所以要把多根并成一根使用，这在西周、春秋时期就有了明确的记载：1根蚕丝叫“忽”，10忽为“丝”，10丝为“升”，80丝为“综”。可见当时的缫丝技术已经非常发达，产量也已经十分可观。

缫丝做好之后，经过上架等处理，就成了丝绞，加工后就成了经、纬丝，但是根据经、纬丝粗细要求的不同，还要对生丝进行合并和加捻，称为并丝和捻丝。并丝与捻丝的工序在商代称为常规工序，在河南安阳商代墓葬中出土的织成规矩纹样的绢，其纹理整齐，经丝、纬丝并捻均十分严密，工艺水平最高的捻度可达到每米三千左右捻。

商周时代整丝的工艺基本成型，原始的整丝工具也已经出现了。

伴随着生产工艺的完善，生产工具有了进步。早在新石器时代，就有了原始的腰机，在河姆渡遗址发现的文物中就能够大致了解

舞人动物锦

到早期制造的情景。到了商代，投梭式的平纹丝织机在社会上普遍应用。同时，殷人也已经能够纺织纨、沙、罗、斜纹等高级的纺织品，练丝和织造技术的提高，品种之多，说明了丝织工具的进步。织机多为卧机，为多镊构成，商代已经使用六片综或者六根提花镊的织机。提花机生产出来的是高级的丝织品,生产起来费时费力，只是部分贵族的奢侈品。

到了西周时期，周人继承了商人的织机并且有所发展，由缫丝、并丝和捻丝到上机的缫车、饪车、织机一应俱全。当时的丝织机与麻织机基本上相同,为卧织机，

原始腰机

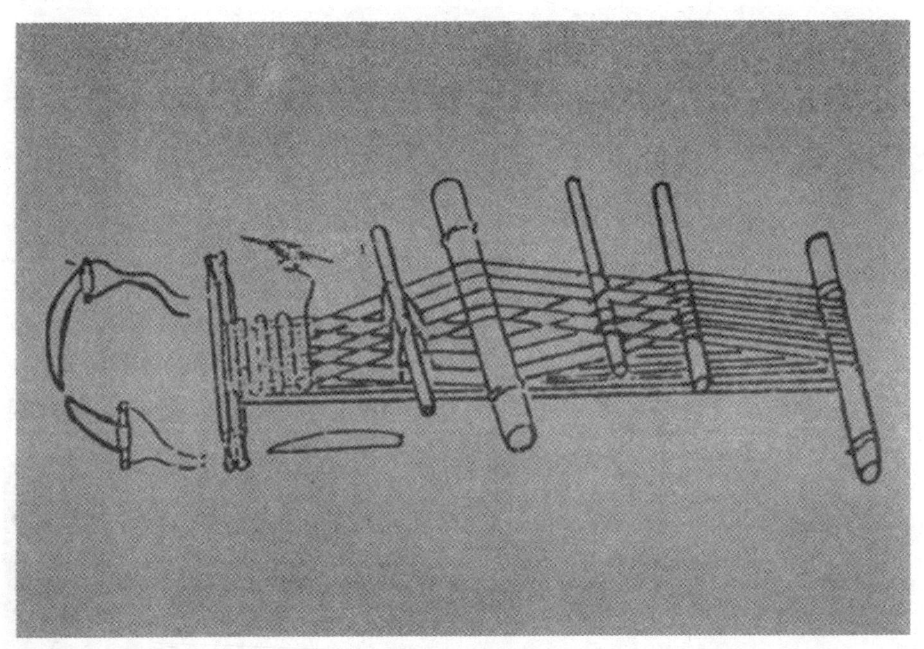

织平纹用二综，织斜纹用四综，在陕西省宝鸡市茹家庄西周墓发现的丝织品就有西周斜纹绫。同时，周代的丝织机已明显分为平纹机（绢、布机）和提花机，并且已经大量地投入生产，规模上也远远大于商代，能够织造地、花皆斜的斜纹绫，但是社会上主要的丝绸织品仍是平纹的丝织物。

随着品种多样的丝织品的问世，练、染技术水平也有了很大的提高。练就是练漂，因为生丝经过缫丝过程之后，仍旧有大量的杂质残留在表面上，必须经过再次的精炼才能保持丝绸的手感、下垂度和光泽，这样生丝就变成了熟丝，也只有熟丝

织布机

才能着染美丽的颜色。

商周时期就已有完整的染布技术

（三）进步的练染技术

根据最早的历史记载，商周时期官营的作坊中，已经有了专门管理练染的生产部门和相关人员。对染料的征集、生丝的精炼、熟丝的染色都有一整套完整的工艺技术。可以说，对丝织品染色的重视，反映了社会经济的发展和文化程度的进步，很多奴隶主贵族要用鲜明的色彩来表现出他们的阶级地位，并且形成了严格的礼仪。在商、周、春秋时代，丝织品的染色主要有两种方法，第一种是将矿物质颜料磨碎，涂染到丝织品上，使其着色。另一种方法是使用植物染料进行染色，染色的方法主要是

染布场一景

浸泡。这两种方法都可以染出黄、绿、红、白、紫、蓝等多种颜色，但是使用植物染料的色彩更加丰富，效果更明显，也得到了更广泛的认可。在燃料的提取和炼制方面，人们也多从植物中提取，很多技术精湛的染工，可以按照季节摸索出一整套规律，来获得不同的染料。特别是他们可以巧妙地利用红、黄、蓝三原色，调制出紫色、橙色等复杂的颜色，使染色技术上了一个新台阶，极大地扩大了丝织品的色彩范围，丰富了人们的生活，也丰富了中国象形文字的宝库，许多表现色彩的汉字都带有“丝”字旁，如红、绿、綦、绉、绛、绚、缇等。

在夏、商、周和春秋时期，丝织工艺的不断完善和生产工具的不断进步，带动了丝织品种类的不断增加、规模的不断扩大，各种做工精细、艺术审美价值很高的丝织品不断问世，对中国传统文化的形成与发展作出了巨大的贡献。

（四）丰富多样的丝织品

进入夏朝后，丝织品的种类与花纹都有了明显的变化，奴隶社会的服饰纹样是奴隶制社会精神文化的一个方面，纹样内容的政治意义大于审美意义。最重要的纹样为国王衮服上面的十二章，又叫“章服制度”，十二章最早的记载见于《尚书益稷篇》，明确以日、月、星辰、山、龙、华虫、藻、火、粉、米、黼、黻为十二章。把服装和等级结合起来，其中的礼服、戎服从花纹和款式上看，都是十分精美的丝织品，可以看出奴隶主阶级的生活日益奢华，他们穿着的丝织品的种类十分繁多，也可以从一个侧面看出当时的丝绸纺织技术比以前有了更快的发展。

在河南安阳出土的大量制造精美的商代青铜器上，都包裹了大量的丝织品残片，说明当时的纺织技术有了很大的提高，还能够生产出提花的织物。在西周的贵族墓葬中，

丝织品的种类和花样繁多

战国时期的大几何纹织锦

也发现了一些用于包裹的丝绸残迹和残片，其中有锦、绮、绢和刺绣。锦和绮的出现，标志我国的丝绸提花技术有很大的突破。当然，绢、锦和绮都是商周丝织品的主要品种。

在商周时代，锦和绮都是高级丝织品，生产规模不是很大，更普遍的是绢这类平纹丝织品，绢分为沙、绡、縠、纨、缟、缦等多个种类。绢类织物制造技术简单，结构和质地较为轻薄，生产难度不大，深受平民的欢迎，例如鲁国和齐国分别生产的缟和纨都是当地的著名产品，有“齐纨鲁缟”之称。

丝绢品

绮的生产起源于商代，是平纹地起斜纹花的单色提花丝织物。绮有逐经（纬）提花型和隔经(纬)提花型两种,后者也称“涨式组织”绮。绮的花纹多为几何图形的纹理，有菱形的、回纹形的，还有反映对天空崇拜的雷纹和寓意高升、如意的云纹。在辽宁、陕西宝鸡等地的西周墓中，均可以发现高级的斜纹提花织品——绮的影子。

锦是指具有多种彩色花纹的丝织物。锦的生产大致开始于西周，距今已有三千年以上的历史。锦的生产工艺要求高，织造难度大，所以它是古代最贵重的织物。这种织物有经起花

和纬起花两种，也叫经锦和纬锦。经锦是用两组或两组以上的经线同一组纬线交织，经线多为二色或三色，如果需要更多的颜色，也可以使用牵色条的方法。纬线有明纬和夹纬，用夹纬把每副中的表经和底经分隔开，用织物正面的经浮点显花。纬锦是用两组或两组以上的纬线同一组经线交织。经线有交织经和夹经，用织物正面的纬浮点显花。这样复杂的工艺流程就决定了锦的织造工艺高于绮，色彩更富于变化，纹理结构更立体，表现力更强，穿着更具档次，并得到了统治阶级的广泛追捧。号称春秋五霸之首的齐桓公就提到过，他的父亲齐襄公的上千名宫女妻妾“食必粱肉，衣必文绣”。在其他的文献中也大量地提到过锦，《仪礼聘礼》

纬锦的出现在中国丝绸史上具有举足轻重的意义

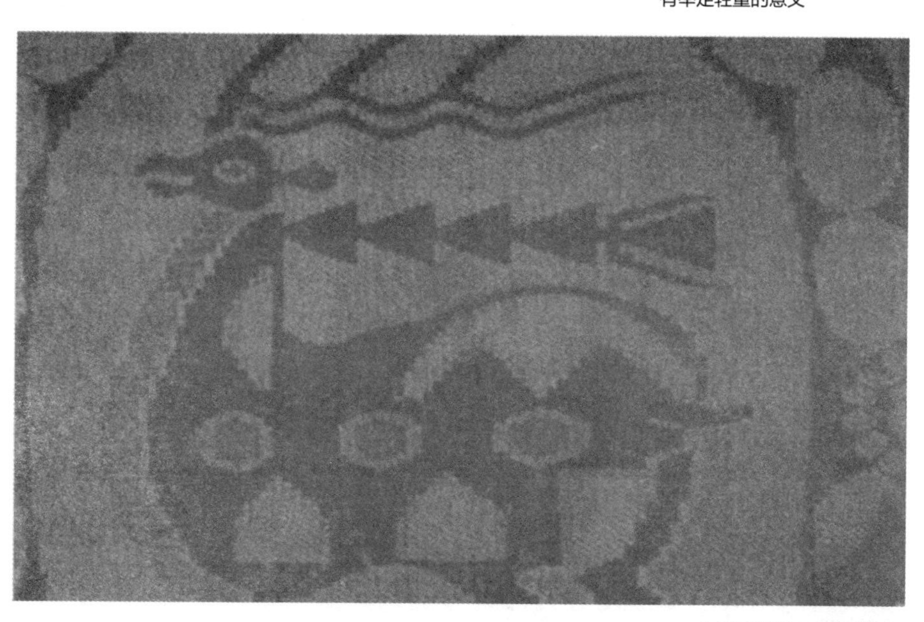

战国时期织锦

中就有“皆奉玉锦束请觌”的记载。《礼记中庸》也有“衣锦尚絅”的记载。《诗·秦风·终南》也提到了“锦衣狐裘”。可以说，周代锦类的织品种类不少，但是最能体现丝绸本身优良的材质与高超的纺织艺术相结合的就是“织锦”了，在中国的辽宁、陕西、山东、湖北等地，均有大量精美的“织锦”出土。织锦是最能体现中国传统文化的瑰宝之一，具有很高的历史与文化价值。

三　战国秦汉时期的桑蚕丝织业

战国和秦汉时期，随着经济的快速发展，蚕桑丝绸业有了充分的发展条件。战国时期，我国已经由奴隶社会步入了封建社会，随着水利的兴修、铁器的使用和牛耕的推广，春秋中后期，各诸侯国的经济得到发展，特别是农业技术的广泛进步，加速了采桑养蚕的发展和集约化进程。秦统一之后，统一度量衡，使长度、容量、重量都有统一的标准，便利了经济的发展；统一货币，把秦国的圆形方孔钱作为统一的货币，通行全国，这对促进各民族各地

秦始皇统一货币

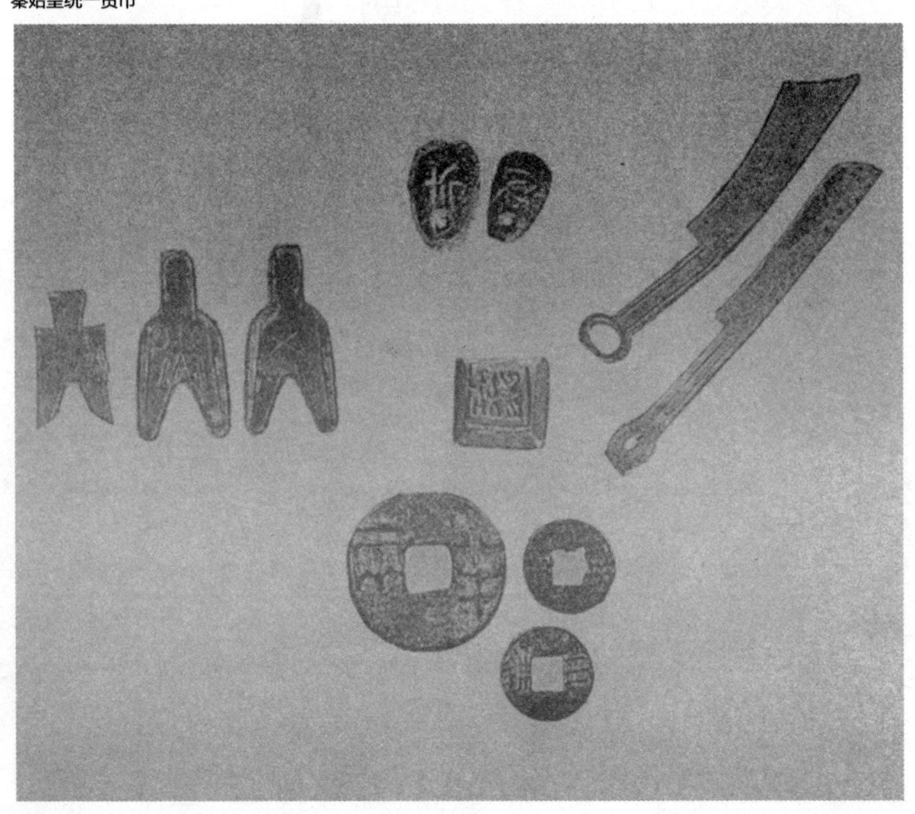

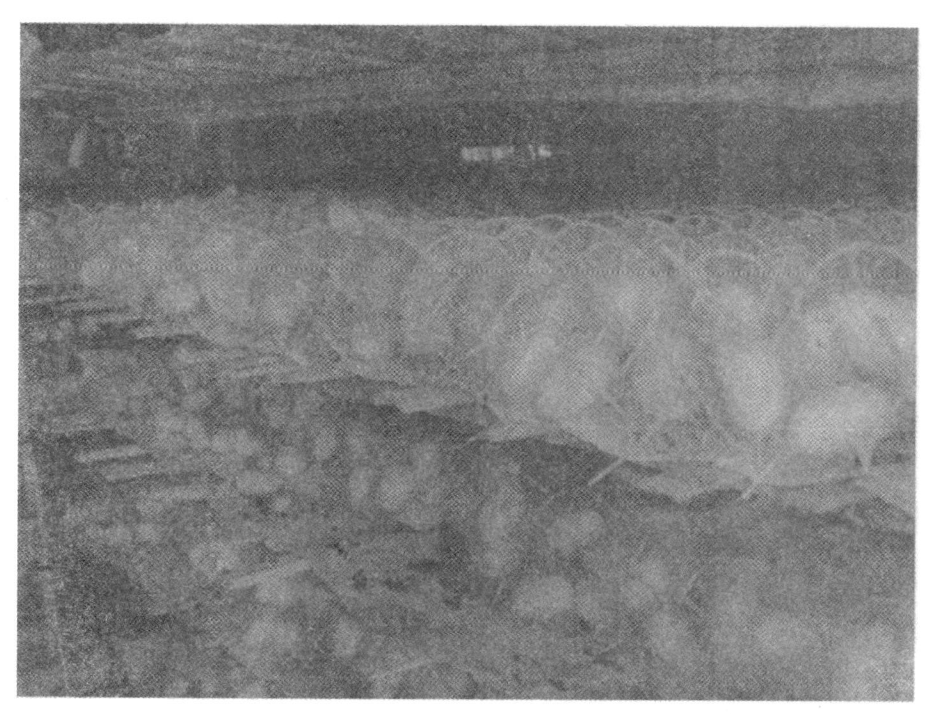

战国至秦，蚕桑业得到了长足的进步和发展

区的经济交流意义重大。汉朝代秦，又承秦制，采取“与民休息”的政策，轻徭薄赋，提倡农桑，鼓励贸易，注重恢复发展生产。战国至秦汉的这些政策，均促进了蚕桑丝绸的生产与发展，可以说在这一时期，从桑树的栽培，到采桑、养蚕、缫丝、编织、练染等一系列技术均得到了长足的进步，工艺流程和技术手段都上升到了一个新的台阶。丝绸逐渐成了农业和手工业生产发展的重要组成部分，在社会经济中的地位举足轻重。

（一）统治者对桑蚕丝织的重视

进入战国和秦汉之后，伴随着经济的快速发展，桑蚕丝织业成为广大人民衣食和政府收入的

《氾胜之书》

主要来源之一，受到政府高度重视。

如《管子》中曾经提出“务五谷则食足，养蚕桑、育六畜则民富”。可见，在中原的广大地区，特别是齐鲁这样桑蚕丝织业高度发达的地区，桑蚕的地位已经跃居“六畜”之上，在社会经济生活中占有主要的地位。楚平王时期，为了争夺桑树种植地域，向吴国发动战争，被后世称为“蚕茧大战”。

秦国自从“商鞅变法”之后，国家一直推行“农战”的政策来提高本国的经济实力，而蚕桑生产则是农战的重要内容之一。商鞅推行重农抑商的政策，对耕织出众的农户进行奖励。在《吕氏春秋·月令》中也记载了大量严酷的法律对破坏桑树和偷盗的行为进行惩罚。

汉朝对蚕桑丝织的重视是强于前代的。从“文景之治”到“汉武中兴”，汉初的统治者无不主张“重农抑商”的基本政策，而“农桑为本”的思想也在群众中得到了广泛的认可。于是，蚕桑纺织在社会经济生活中的地位也得到了进一步的提高，随之而来的就是桑蚕在全国范围内的大规模种植。春秋战国时期，蚕桑养殖还只是处于以齐鲁为核心的北方地区，沿着黄河流域较为平均地分布。到了两汉时期，其重心开始有了南移的趋势，尽管其核心仍在北方，但是养蚕技术的传播速度和桑树种植区域的扩大速度都是南方大于北方。根据《汜胜之书》记载，湖北、湖南、四川、贵州一代都有大片的区域进行桑蚕的种植和丝绸的生产，连海南岛北部地区也出土了西汉时期的绘有女子采桑图案的陶器，可以推算出海南地区当时已经有了蚕桑丝织的技术。

桑葚

随着蚕桑丝绸业的普遍勃兴，政府也加强了对该领域的管理，设置了“蚕官令丞”负责统筹相关的事物。但可惜的是，这个官职在《汉书》这样的官方正史中没有记载，但是很多学者通过考古发掘和对汉瓦当的文字考证，认为该官职是存在的。

（二）生产技术与生产工具的进步

古代缫丝图

战国秦汉时期的蚕桑养蚕技术得到了明显的提高，主要体现在采桑和养蚕两个方面的细化。更多更实用的生物技术被应用在了桑树的种植上，西周以前的桑树种植主要是野桑，

而到了战国秦汉时期，则开始人工培育树桑类的高干桑、低干桑和地桑，栽培方式上也比过去更加集约化，修剪形式上比过去更加细化、模式化。根据《汉书·食货志》记载，汉代的桑树种植既有科学栽培和修剪的高干桑和地桑，也有自然形成的美观高产的乔木桑。关于桑树的播种，是用桑葚子和黍子混合播种的，二者共同出苗，几户农民共同间苗、犁地，使苗间距达到最佳，翻土、施肥、除草都有详细

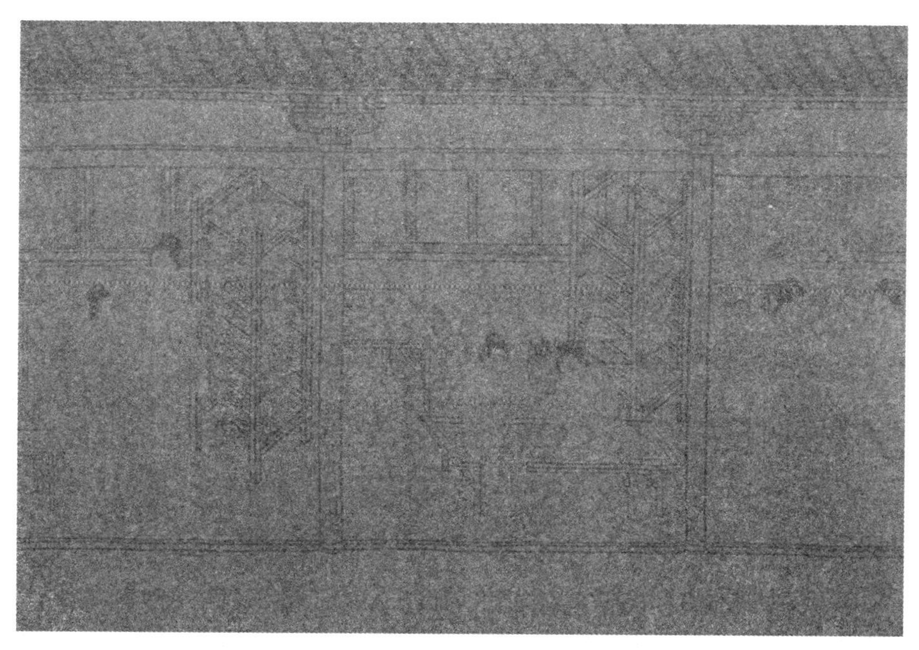

古代养蚕图

的记载，等到黍成熟后，将其贴地割掉，并且放火烧毁，有益于桑苗第二年的生长。从分布上看，长江北部多为高干桑，长江以南多为地桑，二者的栽培方式略有不同，但是基本遵循上述的方法。在桑树的修剪方面，汉代以来也有许多的方法，使其更便于桑蚕的采集，以及第二年的生长和发育。

伴随着桑树培植技术的进步，养蚕的方法也得到了显著的提高。通过春秋战国时期的不断积累、总结，到了汉代，人们对蚕的生活习性与生理构造有了明显的了解。当时的人们已经了解到蚕“喜湿恶暑”的特性，养蚕者多对蚕的春季育种、夏季生长、季末吐丝结茧有详细的掌握，并且将

最早出现在唐、宋年间的脚踏缫丝车

其运用于生产当中，发明了室内蓄火、向阳温室，均为蚕的生长发育创造了适宜的生活环境。根据西汉《氾胜之书》记载，与前代比较，汉代的桑蚕生长周期良好，蚕茧的产量和质量都比前代有了明显的提高。

在生产工艺方面，为了能使丝胶更加快速地溶解，秦汉时期的先民发明了沸水煮蚕茧的方法。这样就成功地避免了丝胶的粘连和结疙瘩，使蚕茧的表面更加圆润、溶解得更加快速，丝的力度和韧性都有提高。从《汉书·食货志》中可以看出，沸水煮茧的缫丝方法已经被广泛使用。

伴随着生产工艺的提高，生产工具也有了进步。战国秦汉时期，丝织机的构造更加科学，织造的工艺更加精湛。从长沙发掘的战国遗址中发现了五种锦和若干的提花织品，其工艺水平远远胜于前代，这要归功于当时先进的镊提花机。与前代的斜纹机相比，经密 140 根／厘米，纬密为 60 根／厘米，可以织出暗花对龙对凤纹、褐地双色方格纹、几何纹等，可见当时的提花机水平是十分高超的。战国时期的平纹织机虽然没有提花机的工艺高超，但是工艺也达到了经密 75—84

汉代手摇缫丝车

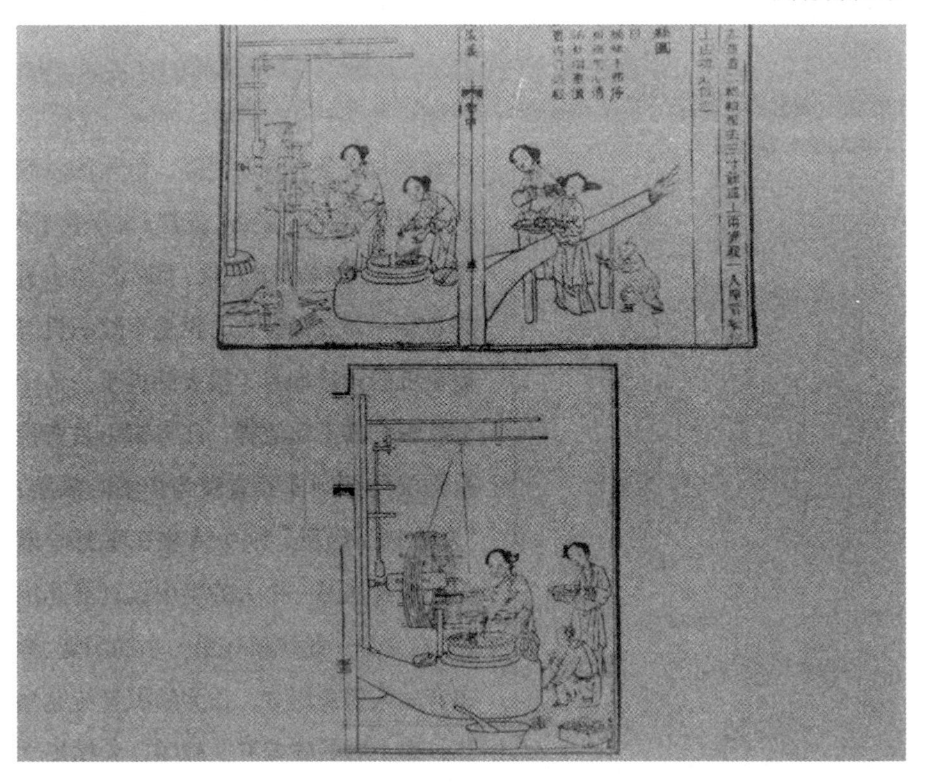

汉代纺织画像石上的纺车

根／厘米，纬密为45—50根／厘米，织物疏密自如，薄厚均匀，比起前代还是有很大进步的。

到了两汉时期，丝织工具更是有了明显的进步。缫丝的工具从原有手持的丝掃逐渐变为一种轱辘式的缫丝纴，这便是日后手摇缫丝车的雏形。络丝、并丝、捻丝的工具也都基本上完备了。当时络丝的方法还没有明确的记载，单从江苏出土的汉画像石上看，络丝是将丝绞从缫丝纴上慢慢脱下来，套在籆丝架上之后，绕到桄子上。汉代卷纬的工具主要是纺车，当然，它也可以进行并丝和加捻，分为手摇和脚踏两种，手摇纺车多称为轱辘车、维车，脚踏纺车多称为鹿车。在长沙马王堆汉墓中，就有关于纺车的画像。20世纪90年代初，在江苏、浙江也多次出土纺车的画像和残骸，可见当时的纺织技术是十分进步的，丝织品的生产效率和质量都有所提高。汉代的丝绸织机也已经十分完备，根据《太平御览》卷八二五《器物部》记载，当时的纺织机的器型一如战国时代，但是平纹织机与提花机的构造均有了很大的进步。关于平纹织机的工作流程，江苏铜山县青山泉东汉纺织画像石有较为详细的描绘："左方刻一织机，一个人坐在织机的前面，回身从另一个人的手中接过婴儿抱起。右方刻一纺织机和另一个纺织者，旁边有一人躬身而立，正为纺织者传递物品。右上方悬挂着五个麻团，为纺织之用。"可见，当时的纺织流程是很重视协作的。根据画像，我们也可以对平纹的斜织机进行复原，它的基本机型是：在一个长方形木架子的机座上，后端置一个机架，前方无任何机座板，机架后端竖立两根机杼。机架与水平的机座大约成55°的斜角。机器上配有经轴、纬轴、分经木、提综杆。在机身的斜下方还放置着投纬用的梭和打纬用的筘。汉代的平纹斜织机是对卧

江苏铜山东汉纺织画像石上的织机

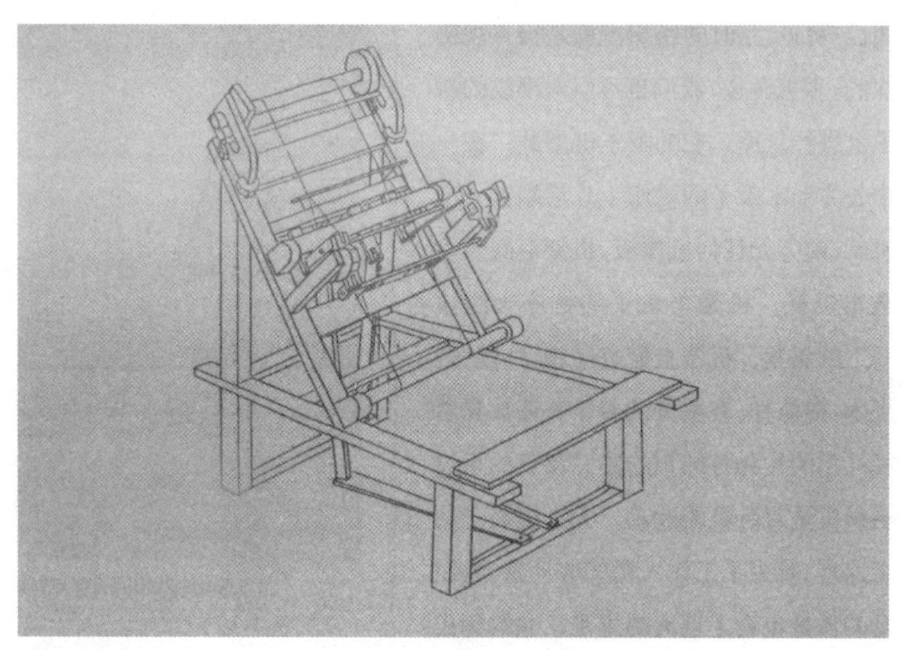

汉代中轴式踏板斜织机复原图

机的改动，大大提高了纺织速度，减少了工作人员的劳动量，丝织品的质量也有了巨大的进步，它的构式有三种：洪楼式、留城式和青山式，其中以青山式最为流行。

汉代的提花机也有了巨大的进步。根据《西京杂记》的记载："(西汉时) 绫出钜鹿陈宝光家，宝光妻传其法，霍显召入其第，使作之。机用一百二十镊，六十日成一匹，匹值万钱。"就是说西汉陈宝光的妻子，经过长期的探索、研究，制成了120综、120镊的更高级的提花机，这样就使操作大大简化了，产品的工艺也有了提高，每匹可以卖到一万钱。这也就是我们说的束综提花机，它的工作原理是通过花楼杆控制花部经丝的提沉，同时用脚踏杆控制地综的提沉，这样就可以编织出精美的花纹图案和复杂的几何图形。当然，对提花机改动的不只是

扎染时用的染缸

陈宝光妻子一个人，根据《三国志·方技传》的记载，东汉的马钧也对提花织机进行了改造。过去的提花机原有50—120镊之多，经过马钧的改造变为了12镊，这就大大降低了提花机的工作量，使机器更加灵巧，纺织的时间更加快捷。这一技术一直被沿用，到了唐代才有了实质性的突破。

（三）普遍发展的练漂印染工艺

战国秦汉时期，颜色一直被视为身份和地位的象征。在周代，黑色被视为卑贱的颜色，很多奴隶和身份低下的平民均着黑衣，因为黎字古通“黧”，指黑色。所以平民百姓在古代叫做“黎民百姓”。秦始皇即位之初，极其推崇巫术，认为黑色可以使国运昌盛。朝服、旗帜以及平时所穿的衣服也均以黑色调为主。汉

马王堆汉墓出土的素纱蝉衣

承秦制，崇尚黑色的社会风气日重，黑色成了高贵的代名词。但是到了东汉时期，这种风气下降，紫色成了达官显贵的新宠。

在这一时代，练漂印染技术得到了长足的发展，比起前代成熟很多。染色和漂白已经成功地区分出来。根据《太平御览》记载，战国时期的漂白技术分为水漂和浸练，到了秦汉时期，则发展成为了煮练和捣练。沸水快煮，木杵绞丝，大大提高了漂白和脱胶的速度，丝绸手感细腻、光洁如玉，质地上乘。从马王堆汉墓出土的丝织的染色物来看，当时的颜色已经达到二十种以上。经过千年的风霜，仍然光洁如新。对于丝绸的上色，多用的是化学方法。例如汉代染黑色就是用一块铁板，放置在阴暗处，表面上洒上浓度适中的盐水，再放入醋缸，浸泡三个月左右，形成硫酸铁，这种成分对丝绸织品的损伤比较轻，着色度较高，是理想的染色剂。这一时期，还新增了很多化学染料，如绢云母、石墨、朱砂、西域胡粉。除了化学染料外，还有一些植物染料，如产于西北的红蓝花可以用来着染红色，茜草可以用来着染黄色。

战国秦汉这一时期，丝绸织品的种类和名目均更加丰富，根据《汉书》中的记载，各类丝织品的名称多达数百种。根据段玉裁的《说文解字注》记载，以丝为偏旁命名的

朱砂

古丝绸之路遗址

文字有几十种，以颜色命名的文字也有十几种。

（四）丰富多样的丝织品

战国时期是中国历史上较为繁荣的时期，各诸侯间政治、经济、文化的频繁交流，促进了社会生产力的发展。丝绸产品已不再是上层社会的奢侈品，逐渐普及到了民间。因此，织、绣、染技术有了空前的发展，为汉代大规模开通丝绸之路奠定了坚实的技术基础。战国时，丝绸的纹样已突破了商周时期几何纹的单一局面，表现形式多样，形象趋于灵活生动、写实和大型化。商周时期的神秘、简约和古朴的风格已不复存在，取而代之的是蟠龙凤纹。这时的纹样已不再注重其原始图腾、巫术宗教的含义，纹样穿插、盘叠，或数个动物合体，或植物体共生，色彩丰富、风格细腻，构成了龙飞凤舞的形式美。由于当时织和绣表现纹样的技术相差较大，浪漫主义风格在织、绣上采用不同的表现手法，丝织上主要采用变化多端的几何纹样；刺绣则表现以龙凤为主题的动物图案。马山楚墓中出土的大量龙凤纹是当时龙凤艺术的集中表现。

到了秦汉时期，丝织品的种类更加齐备，花样更加丰富。汉代的丝织品数目繁多，但是最具代表性的还是马王堆汉墓出土的各种丝织品和衣物，年代早、数量大、品种多、保存好，极大地丰富了中国古代纺织技术的史料。1972 年出土的

马山楚墓中出土了大量龙凤纹丝织品

1号墓边箱出土的织物，大部分放在几个竹笥之中，除十五件相当完整的单、夹绵袍及裙、袜、手套、香囊和巾、袱外，还有四十六卷单幅的绢、纱、绮、罗、锦和绣品，都以荻茎为骨干卷扎整齐，以象征成匹的缯帛。3号墓出土的丝织品和衣物，大部分已残破不成形，品种与1号墓大致相同，但锦的花色较多。最能反映汉代纺织技术发展状况的是素纱和绒圈锦。薄如蝉翼的素纱单衣，重不到一两，是当时缫纺技术发展程度的标志。用作衣物缘饰的绒圈锦，纹样具立体效果，需要双经轴机构的复杂提花机制织，而印花敷彩纱的发现，表明当时在印染工艺方面达到了很高

马王堆汉墓出土的丝织品残片

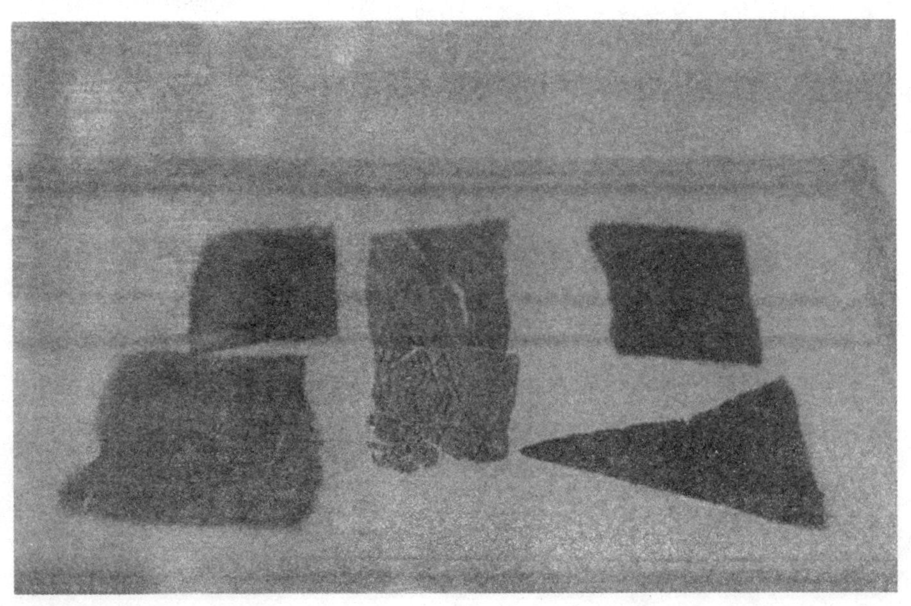

马王堆汉墓出土的帛画

的水平。可以说，马王堆汉墓出土的丝织品，几乎代表了汉代丝织业的最高水平。

此外，在河北、山西、河南等地区，也有大量的精美丝绸织物出土。

按照丝织品的工艺和组织来分，大致可以分为绢、绮、锦三大类，每一类也可以分为多种。战国秦汉时期，这三种丝织品花色更加精美，纹理更加清晰，花样更加丰富。图案也从原有的简单几何图形演变成了山水、花鸟、云气等综合纹理。再配以文字，相互穿插，变换出了高超的工艺水平。《说文》对绢的解释是这样的："缯如

丝织品上的精美图案

麦绢者。从纟，肙声。谓粗厚之丝为之。”基本符合汉代绢类特点。汉代的绢类织物为平纹组织，质地轻薄，坚韧挺括平整，一般常见的有天香绢、筛绢等。天香绢的缎花容易起毛，不宜多洗，不适宜平民使用，多为贵族的奢侈品。马王堆汉墓 3 号墓就出土了大量做工精美的绢类产品。

绢的一种衍生材料纱以其结构稀疏、易于透气得到了汉代官员的推崇。根据《汉书》记载，汉代的官员头上的帽子都是用纱制成的。马王堆汉墓中出土了部分官服，经过复原之后，证实就是《汉书》中提到的漆缅冠，

马王堆汉墓出土的印花敷彩丝棉袍

表面涂上黑漆，纱料坚韧挺亮，威严而不失华贵，耐用不易变形，为后世历代官员推崇，百姓习惯称之为“乌纱帽”。

绮是平纹为地，斜起花纹的提花织物。绮在汉代是很有影响力的，《汉书地理志》中记载：“织，作冰纨绮绣纯丽之物。”在《汉书·序传》中也有这样的记载：“在于绮襦纨绔之间。”汉代的绮织物照前代比较，颜色上由单一的一种，变成了多变的“七彩汉绮”。花纹上也变为了两根组成斜纹的长线经丝，中间夹杂着一上一下的平纹经丝。纬线没有明显的变化。这样的构造不但能突出花鸟、山水的色彩变化，突出立体感，也不会

马王堆汉墓出土的官服

影响织物整体的外观。在马王堆汉墓和甘肃等地区均出土了绘有民族特色图案的精美丝织品，造型别致，风格独特。

锦是经丝和纬丝经过多重织造构成的极其精美的丝织品。《说文》中对汉锦做出了这样的记载：“锦，襄邑织文。朱骏声按，染丝织成文章也。汉襄邑县贡织文。”秦汉时期的织锦是以两色以上的经丝交替编织换层来显示花纹的，《汉书》中称为“经锦”。战国、秦汉流行以二色或三色经轮流显花的经锦，包括局部饰以挂经的挂锦、具有立体效果的凸花锦和绒锦。1959年在新疆民丰尼雅遗址发现的东汉“万年如意锦”，使用绛、白、绛紫、淡蓝、油绿五色，通幅分成十二个色条，就是汉代典型的经锦。著名的“四大名锦”（南京云锦、杭州织锦、苏州宋锦、成都蜀锦）之一的成都蜀锦就是典型的经锦代表。蜀锦是中国四川生产的彩锦，已有两千年的历史，汉至三国时蜀郡（今四川成都一带）所产特色锦的通称，以经向彩条和彩条添花为特色。蜀锦兴起于汉代，早期经锦为主。西汉时，蜀锦品种、花色甚多，用途很广，行销全国。

蜀锦

《太平御览》引《诸葛亮集》：“今民贫国虚，决敌之资唯仰锦耳。”唐代蜀锦保存到现代的有团花纹锦、赤狮凤纹蜀江锦等多种，其图案有团花、龟甲、格子、莲花、对禽、对兽、斗羊、翔凤、游鳞等。在马王堆汉墓中考古工作者还发现了起绒锦，其立体感强烈的花色和精巧别致的样式是对传统织锦的创新与突破。织锦作为丝绸织造技术的最高表现，随着汉代丝绸之路的开辟，传入了中亚、波斯、阿拉伯、爱琴海以及地中海沿岸的西欧国家。把东方的精美丝品和先进文化带入了西方社会，以罗马为首的西方国家竞相追捧，成为上流社会的必

罗地信期绣丝锦袍

绢地长寿绣

备奢侈品，为了得到丝绸甚至不惜发动战争。织锦与同样原产于中国的瓷器一样，成为当时东亚文明强盛的象征。

四　三国至隋唐五代的桑蚕丝织业

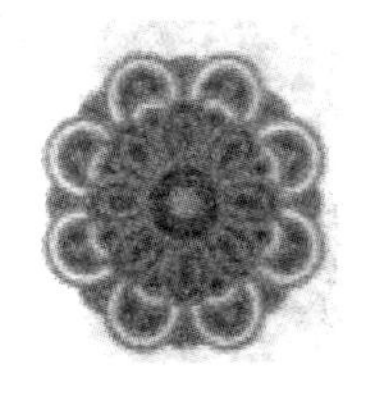

在经历了三国五代的动荡后，社会环境急剧恶 化，对蚕桑业产生了影响

三国至隋唐五代这一时期，是统一与分裂并存、融合与斗争并重的混乱时期。东汉末年，魏、蜀、吴三国鼎立，西晋的短暂统一之后，又迎来了东晋和南北朝的分裂割据。在这三百六十多年间，南北方的不同政治势力时而联合，时而争战，使北方地区的社会环境日趋复杂，经济环境急剧恶化，特别是对蚕桑丝绸的生产影响更是巨大。北方战乱频仍，大量人口南迁，加之天灾不断，使北方的纺织业发展处于停滞的状态。但是偏安一隅的江南诸王朝却得到了相对的宁静，加上大量北方人口为躲避战乱而南迁，带来了先进的纺织技术，使南方的纺织业得到了较快的发展。

隋唐结束南北分裂局面后，中国迎来了近五百年的和平统一局面。被破坏的社会环境快速恢复，人口数量上升，经济技术交流加强，为唐代经济、政治的繁荣打下了良好的基础，最终发展到了封建社会的顶峰。在“开元盛世”时期，蚕桑丝绸业也得到了快速的发展，技术的进步、生产工艺的推广，使当时的丝织品无论是质量还是产量，都达到了一个新的高度。这一时期，北方蚕桑丝绸业仍然处于领先地

位，直到“安史之乱”之后，经济重心开始从北方南移，江南地区的桑蚕丝织业才开始赶超北方。特别是苏杭地区，丝绸的质量有了长足的进步。

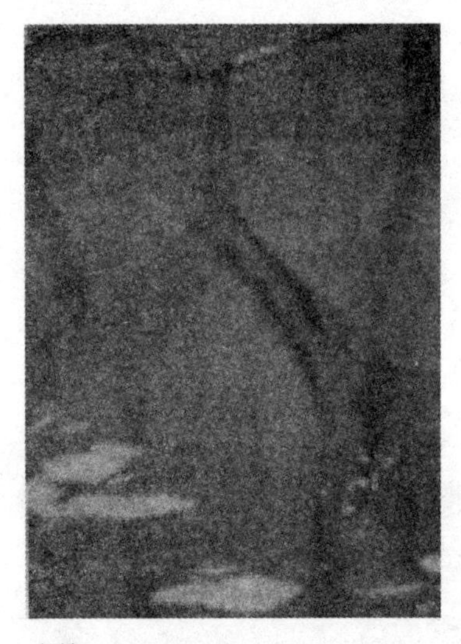

织锦

（一）桑蚕生产在全国的普遍发展

这一时期的统治者为了巩固统治、增加税收，都十分重视丝绸的生产，同时，国家强制性征收丝织品也在客观上促进了各地植桑养蚕业的发展。

桑蚕生产从三国至隋唐五代一直处于发展阶段，在农业中的地位日益上升，同时，也给统治者带来了高额的税收。公元200年，曹操实行新的赋税制，即租调制。规定田租每亩四升，每户又出绢二匹、绵二斤，此外不得擅征。户出绢、绵后来统称“户调”。南北朝时期，全国各地普遍以丝织物为实物税。到了北魏孝文帝时期，新租调制规定一夫一妇每年出帛一匹（不久增加到了二匹，最后到了三匹，并且要附加丝一斤）、粟二石。隋朝沿用了前朝较为合理的赋税。隋文帝规定，丁年龄为二十一岁，受田仍是十八岁，负担兵役却减少三年。又改每岁三十日役为二十日，减调绢一匹（四丈）为二丈。509年，令百姓年至五十者，可

纳绢成为赋税的方式之一

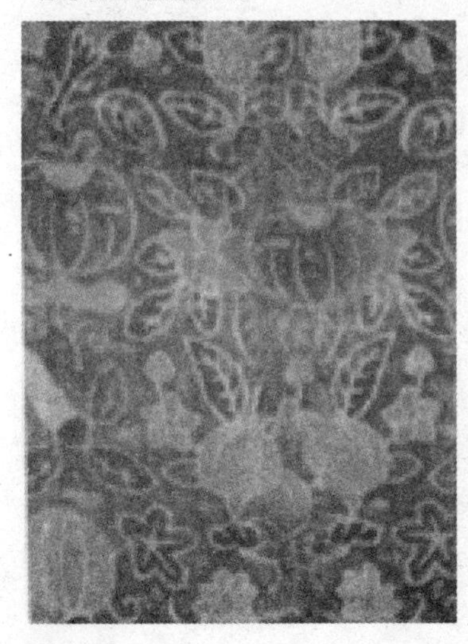

纳庸免兵役。庸就是免役人每日纳绢数尺（唐制每日三尺，当是沿隋制），二十日不过数丈，对老年人也是一种宽政。唐朝则规定：“男丁给予田地一顷，征收粟二石，调为绫、绢各二丈，绵三两。”

从桑蚕业地区的分布上看，这一时期，蚕桑生产的主要地区仍然是黄河中下游地区。这一地区桑树的种植面积广大，蚕桑的生产技术更是远远超过南方。当时政府贡赋的丝绸和帛织品多出自此地，特别是山东的鲁桑，枝条粗短、节密、硬化早、耐寒。南方很多的商人都是从山东引进蚕种到南方进行栽种。

长江流域的桑蚕生产，在这一时期有了很

黄河流域桑树种植面积很大

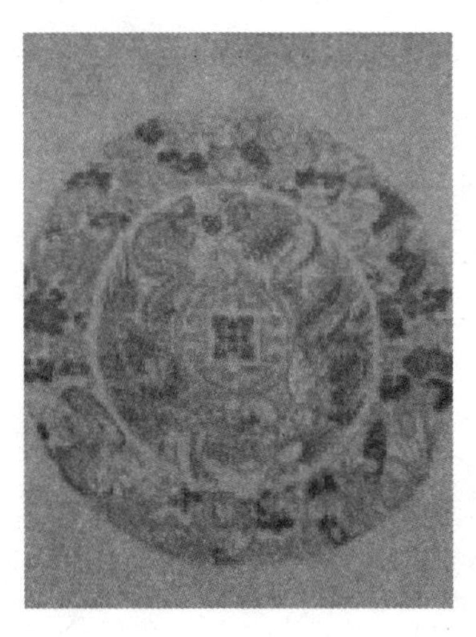
蜀锦

快的发展。从三国两晋南北朝开始，由于北方战乱频繁，江南地区相对稳定，因此丝绸生产的重心不断由北方向江南转移，大量的人口和先进的生产技术传入了南方，用丝绸纳税更是刺激了水乡农民的生产积极性。到唐代，江浙和巴蜀一带成了全国丝绸生产的中心,北方中原地区开始落后。长江上游的川蜀地区，早在三国时期，蚕桑的产量就很大，在全国处于领先地位。隋唐五代时期继续发展，唐末、五代时更是达到了发展的高峰。当时的四川向中央进贡的丝织品，精美无比，国内罕有能出其右者。还有四川的桑苗，也是市场上紧俏的商品。长江下游地区桑蚕丝织业的水平进步得十分迅速，其地位已经部分地超过了北方。两晋、南北朝时期，日本使者多次来我国江南进行丝绸贸易。江南很多著名的织工去日本传授种桑养蚕和织绸制衣技术。根据《日本书记》记载，公元 464 年 2 月，汉织、兄媛等织工曾去日本传授丝织经验。隋唐时代，中国丝绸特别是江浙一带的丝绸更是源源不断地输往日本，日本的正仓院、法隆寺等都藏有我国江南的许多绫、锦以及四川蜀锦的珍贵实物。

长江流域之外，西北的甘肃、河西地区是我国出土汉唐丝绸实物最多和最为集中的地区，这是丝绸之路繁荣的重要标志。这里的丝绸出土情况与长江流域的丝织生产也有着密切的联系。在嘉峪关的壁画中，可以清晰地看到以妇女采桑纺织为主要内容的壁画。这一时期的新疆地区也已经有了关于丝绸的记载。

辽东地区的蚕桑生产在这个时期也有了较大的发展，《晋书·慕容廆传》记，前燕慕容氏政权通好于东晋，“先是辽川无桑，及廆通于晋，求种于江南，平州桑悉由吴来”，广大辽东地区开始种植桑树。南朝齐时，漠北柔然族首领曾向齐武帝求取锦工等，只是武帝以“织成锦工，并女人，不堪远涉”为由未予应允。北燕的著名君主冯拔也曾在辽宁地区大面积地推广桑树的种植。

（二）生产技术与生产工具的进步

这一时期的桑树种植和栽培技术有了明显的提高。除了种子栽培外，还创造出了压条繁殖法。压条繁殖是把未脱离母体的枝条压入土中，待生根后再与母体分离，成为独立的植株。在脱离母体前，所需水分和养分

《四时纂要·夏令·六月》

采桑图

均由母体供应，有利于生根。压条繁殖的苗木成活率高、生长快、结果早，唐代接木技术据唐末五代初韩鄂的《四时纂要》记载，还没有用于桑树苗木繁殖方面，《四时纂要》记：“种桑收鲁桑椹。水淘取手，曝干。熟耕地畦种，如葵法。土不得厚，厚既不出。待高一尺又上粪土一遍，当四五尺，常耘令净。来年正月移之。白桑无手压条种之。才收得子便种亦可，只须于阴地频浇为妙。”可以看出，唐末桑树繁殖还是以种椹繁殖和压条繁殖为主。宋应星在《天工开物》中介绍嘉湖地区的桑树压条繁殖法，效率很高。

此时，在养蚕技术方面的提高也是很大

的。三国吴人杨泉在其著作《蚕赋》中说："古人作赋者多矣，而独不赋蚕，乃为《蚕赋》。"这就说明了蚕桑在当时社会中的重要作用。作者在书中详细记述了蚕的品种、习性、繁殖和生长规律。可见，当时的人对养蚕的技术掌握得很好。书中很重视蚕室的卫生与通风，要求每天打扫。在蚕的选种方面也有复杂的标准，基本能达到择优录取，至于温度调节和孵化的时间也有详细的数据可以参考。这一切都对蚕的质量的上升和产量的提高起到了积极的推动作用。

三国至隋唐五代时期，蚕茧的剥杀、缫丝、络丝、并丝、捻丝等工艺都照前代有长足的进步。由于对蚕的生理周期的熟练掌握，

结茧中的蚕

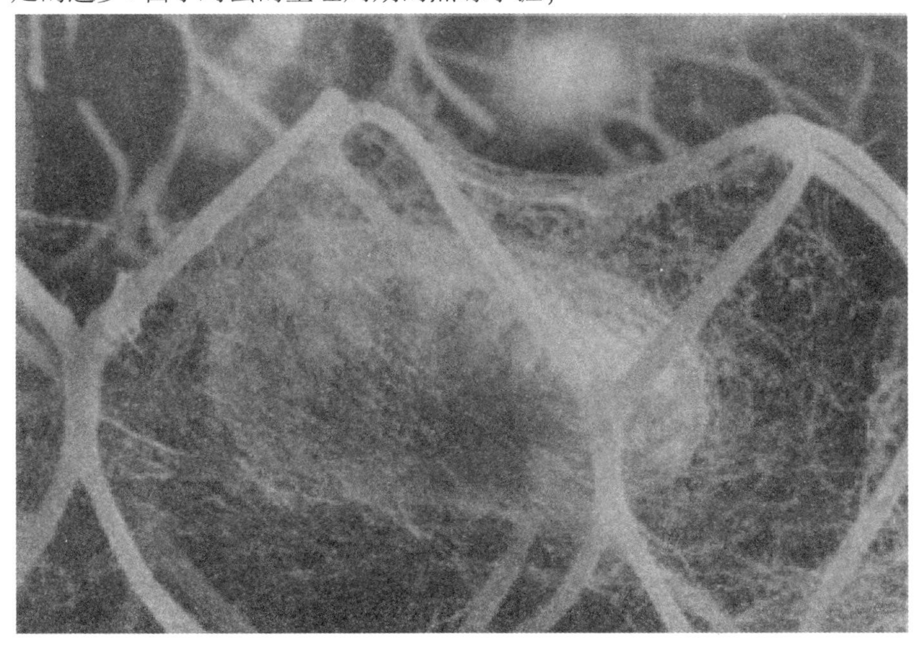

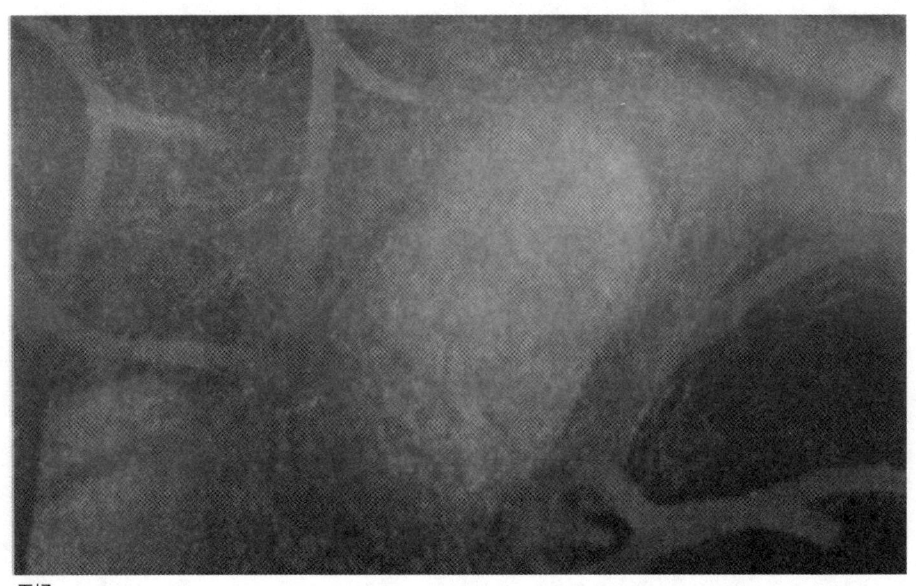
蚕蛹

桑农已经能够准确地判断蚕蛹的化蛾时间，并且将其杀死，以防止蚕茧被破坏。比较普遍的杀茧的方法是震茧，就是用手把蚕茧猛烈摇晃直到蚕蛹被震死。北魏贾思勰在《齐民要术》中记载了另外两种杀茧的方法——晒茧和盐沮，即把蚕茧暴晒或盐浸以便将蚕蛹杀死。由于暴晒的方法容易使蚕茧薄脆易破，所以逐渐被盐沮所代替，但是盐的选用很有讲究，必须用东部沿海的细盐才能做到不影响丝胶的光洁度。

这一时期，纺织用的生产工具也有了很大的变化，缫丝的工具主要是手摇的缫车。战国秦汉时期，缫车主要是轱辘式的，到了两晋南北朝时期，手摇缫车开始在国内推广，等到隋唐时手摇缫车已经在全国普遍使用。络丝用的丝篗和并丝用的纺车都有所改善。在西北和西南的晋代古墓中都曾经发现以上两种工具，做工精巧，使用方便，大大提高了生产效率。

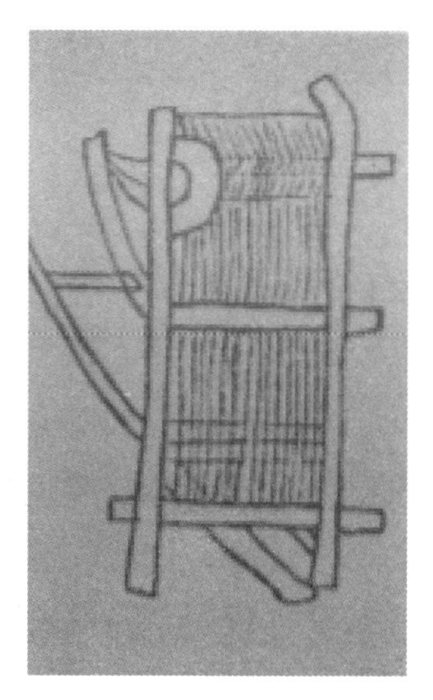
敦煌五代时期的立机

织造工具在东汉以前是比较笨重的，在三国时期，提花机有了巨大的改进。《三国志》卷二十九《方技传》中记载了马钧对提花织绫机的改进："时有扶风马钧，巧思绝世。傅云之曰：'马先生，天下之名巧也。旧结机者，五十综者五十镊，六十综者六十镊。先生患其费工丧日，乃皆以十二镊。其奇文异变，因而作者，犹自然之形成，阴阳之无穷。'"从文中我们可以看出，马钧将原有的五十、六十镊的提花机改良为十二镊，使提花机更加简洁而精巧，这一发明一直被沿用到了唐朝。

（三）练漂和印染技术的进步

这一时期的练漂和印染技术都有长足的进步。练漂主要分为水练、灰练和捣练三种。三国两晋时期，水练一直受到重视。水练的基本方法就是把丝绸放入水中，待六七日水微臭，将其取出，丝绸便可柔韧洁白。水练方法简单易学，对丝绸纤维的伤害小，但是

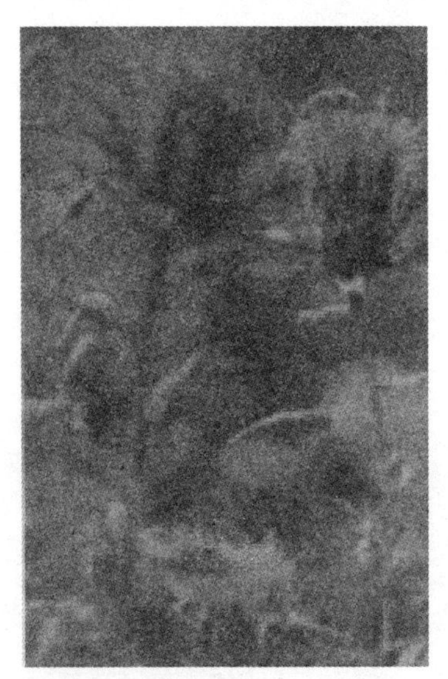
红花可直接在纤维上染色

周期过长。到了隋唐时期，由于丝绸的需求量增大，灰练逐渐被广大群众接受。练丝所用的草木灰的品种也逐渐增加，藜灰、冬灰、蒿灰、木灰都被广泛地用于练丝。捣练则是与水练相结合的，张萱在《捣练图》中描绘道：两名妇女身着素装，各人手持一根与身体等高的木杆进行捣帛，另两名妇女进行辅助。生动地展现了捣丝的画面。

印染方面，染料的种类大大增加，提炼和制作的工艺也娴熟得多。这一时期，植物染料的使用已经超过了矿物染料。首先是红花的广泛使用，在全国范围内逐渐地取代了茜草，成为了提炼红色染料的主要原料。黄色染料在魏晋南北朝时期，需求量大大增加，除了原有的黄栌外，还大量地应用了物美价廉的地黄。蓝草也开始被广泛应用于提炼青色。提炼和制作工艺上，根据《齐民要术》记载，直接法已经逐渐被程序严整的制靛法取代。隋唐时期，颜料的印花技术也获得了长足的发展，它利用颜料优良的覆盖性，排除底色的干扰，从原来单一的印绘结合的传统工艺向染色、印花、绘画三种工艺相结合的多彩套印方向发展。从日本的考古发掘工作来看，这一时期的燃料印花技术已经传入日本，并且得到了日本贵族的青睐。镂空型版夹缬印花技术、蜡缬印花技术、绞缬等其他的丝绸印花技术，在南北朝时期都日趋成熟，到隋唐时期工艺技术进一步发展，在服饰印染、室内装修、贵重礼品等方面被广泛使用。值得一提的是，绞缬为魏晋年间西北少数民族发明创造的，花纹主要有梅花、鹿胎、小鱼等，主要是用于妇女的服饰和室内装潢。隋唐时期，绞缬技术传入了内地，并且得到了上流社会女性的广泛追捧，据说杨贵妃就曾经身着绞缬技术制作的小鱼花纹的服饰为唐明皇献舞。

（四）丰富多样的官营、民营丝织品

唐朝初年至“安史之乱”时期，属丝绸的“庸调”

三国至隋唐五代时期，丝绸的产地和品种都发生了巨大的变化，从产地上看，首先是产地的区域继续扩大，其次是重心进一步南移。同经济重心南移的情况基本一致，中国丝绸生产的发展也有一个重心南移的过程，即从黄河流域转移到长江下游的江南一带。多数学者认为，这个转移的过程结束于宋代，也

将丝绸列入国家征赋的财源之一，在世界赋税 史上是独一无二的

就是说，三国至隋唐五代时期，中国蚕桑丝织的重心正逐步从北方向江南转移。但是丝绸的生产不是一家或一地能完成的，个人生产出的生丝很大一部分要作为税收上缴，由政府统一加工，而大多数的官营丝织作坊都在北方地区，所以唐末以前，中国的丝绸生产仍然主要集中在北方地区。

这一时期，历代王朝都拥有庞大的官府丝织机构，规模巨大的丝织作坊遍布各地。

三国时期,蜀国就有官营的丝织作坊，隶属于锦官府，由后宫宫女担任生产，官府还雇佣一部分民间的织机和织工进行生产。魏国和吴国在尚方御府下也设有织室和丝织作坊，用宫女进行生产，但在规模和水平上都不如蜀国。

到了两晋南北朝时期，官营丝织作坊已经十分普遍了。东晋时期的北方十六国中，已经普遍有了尚方御府来负责丝织品生产，下设织锦、织成两署进行分管，各有巧工数百人。其中以后赵石虎的官营作坊规模最大。

到了隋唐五代时期，隋朝设有少府寺监，下设织染署，专门管理丝绸的生产。

唐承隋制，但是机构更加细化。织染署掌管天子、太子及群臣服饰的织造。设专官监视，技术不许流传到外面，一年中费用和织成的匹数，都得奏明。织染署所领作坊有绫锦坊巧儿三百六十五人，内作使绫匠八十三人，掖庭绫匠一百五十人，内作巧儿四十二人。当时杨贵妃得宠，专为贵妃院做工的织工绣工多至七百人，其中自然有很多织锦巧儿。可见唐朝时期官府丝织生产规模是远远超过前代的。

随着官营丝织作坊的不断扩大，民间的丝织业也有了很大的发展。特别是南方地区的桑树栽培也得到推广，为民间丝织业的发展提供了丰富的原料。加上政府将

丝绸织物

丝织品定为实物地租进行强制征收，使原来没有种植桑树的农民不得不植桑养蚕。一时间，民间丝绸生产在区域上和数量上都明显增加了。特别是在三国两晋南北朝时期，民间的丝织生产得到了飞速发展，从四川一地来看，围绕成都的川南、川西等地，丝织业都得到了飞速的发展。到了隋唐五代时期，民间的丝绸生产已经非常专业，官府也开始大量雇佣民间的“明资匠”“巧儿”为官营作坊工作。在唐代的都市中，还大量存在“铺”“坊”等丝织作坊，有很多作坊还集中在一个固定的街区,以便形成整体竞争力,这被通称为“行”。在当时的河北一地,就集中了绢行、大绢行、小绢行、彩帛行、彩绵行等三百余家作坊。

这一时期，丝绸的品种得到了空前的

唐代缂丝织品

丰富。早在曹魏时期，就有了襄邑的锦绣，南北朝时期又出现了精美华贵的缂丝（亦称“刻丝”），还有名闻遐迩的成都蜀锦，都是当时丝织品高超水平的代表。但是当时丝织业真正的成就还是在唐朝时期出现的，根据《唐会要》记载，在当时的丝织品中，沙、罗、绮、绢、绫、锦发展得都比较快，特别是绫和锦，其花色纹理、做工技术都代表了当时的最高水平。

唐朝女装以襦裙为主

纱在隋唐的文献中比较常见，分为平纱、隔纱、巾纱、轻容等。轻容是一种无花薄纱，是最轻的一种纱。陆游《老学庵笔记》说，亳州出轻纱，入手似无重量，裁做衣服，看去像披轻雾。一州只有两家能织，世世相互通婚，防秘法传入别人家，说是从唐朝传来已有三百余年。亳州纱可能就是轻容的一种。

罗的品种也十分丰富，产地主要是河北道的恒州、剑南道的益州、江南道的越州等地。

绫是一种品种高档的丝织品，产地很广，产量很高。唐代有三十四个州向政府缴纳品种众多的绫，其中以越州的缭绫最为出名。白居易《缭绫篇》说：“缭绫缭绫何所似，不似罗绡与纨绮，应似天台山上明月前，

唐代《簪花仕女图》中，美人着裸肩长裙，上身直披一件大袖纱罗衫

四十五尺瀑布泉。中有文章又奇绝，地铺白烟花簇雪。织者何人衣者谁，越溪寒女汉宫姬。去年中使宣口敕，天上取样人间织。织为云外秋雁行，染作江南春草色。”这是用青白两色丝织成的花绫，丝细质轻，费工极大，宫中用作春天的舞衣，“汗沾粉污不再着，曳土踏泥无惜心”，随便浪费了。统治阶级只求赏心悦目，民众的痛苦根本就不在意，缭绫做舞衣，奢靡腐朽自不必说，但也从另一个角度说明了丝织业的发达。

绮在唐代也十分普遍，但是主要在民间，贡赋所用的很少。

绢在唐代的丝织中也是十分精巧的，特别是轻绢，根据《太平广记》记载：一匹正够四丈，称起来只有半两。文中虽有夸张处，但是极轻当是事实。

蜀锦

锦类是丝织品中最为华贵的一种，在唐代更是光彩夺目，在品种、结构、图案和制造工艺上都有新的突破。锦分为经锦和纬锦两大类。经锦分为二色和三色，几组经丝相互交织，用一把梭子在织物的正面浮点起花。蜀锦闻名全国，并成为经锦的杰出代表。蜀锦兴起于汉，鼎盛于魏晋至隋唐，是四川成都一带出产锦的一种通称。蜀锦织造精致，着色以大红为主，花纹取材广泛、变幻无穷，色彩绚烂多彩。刘备取得益州时，赐给下属重臣蜀锦各千匹。公元263年，蜀国政府拨给军队统帅姜维锦、绮、彩各二十万匹，作为军资。从这里也可以看出，蜀锦不仅产量巨大，而且品种花色也十分丰富。诸葛亮曾将产量大而且质量上乘的蜀锦发放给少数民族以抵御痘疫流行。此后苗锦、壮锦、侗锦都受到了中原文化的影响，少数民族为了纪念这段民族间的友好交往，将锦称为“武侯锦”“诸葛锦”等。纬锦是用两组或两组以上的纬丝同一组经丝相交织，用两把梭子在织物的正面浮点起花。纬锦的品种很多，如凤纬锦、宝花锦、百鸟锦等，典型代表是晕

唐代斜纹纬锦

裥锦，它利用不同颜色的纬丝，在织物表面织出由深到浅、逐层过渡、层次分明的横向条纹，如同日月周围的晕气，故称“晕裥”。其立体感强烈，花纹有对雉、斗羊、翔凤、游麟等形状，文彩奇丽，提花精美绝伦。在唐朝时代，丝绸之路第二次开通，精美瑰丽的纬锦传入中亚与西欧等地区，成为大唐文化的使者。

五 宋元明清的桑蚕丝织业

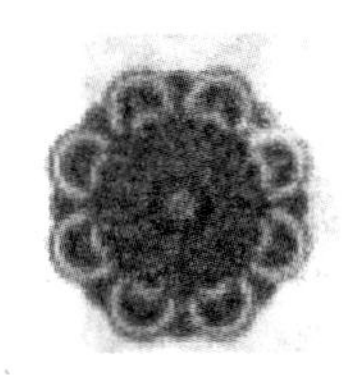

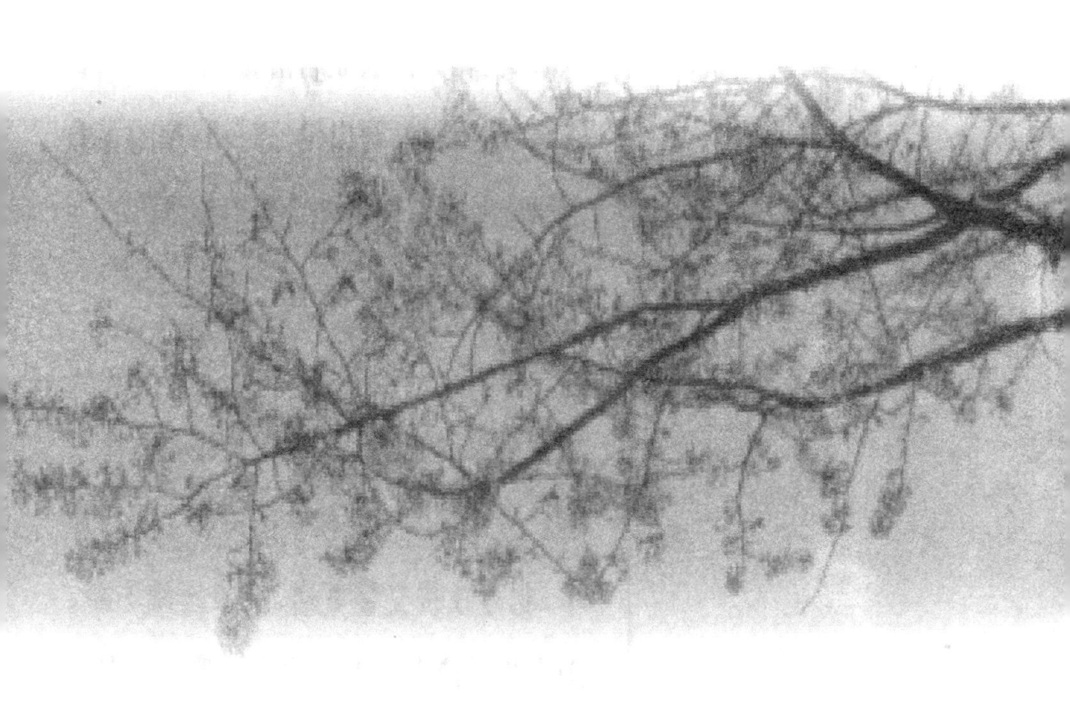

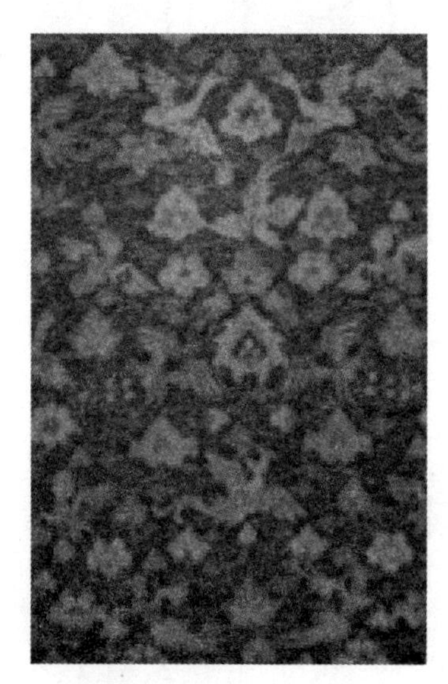

北宋织品《紫鸾鹊谱》

宋元明清时期已进入封建社会的晚期，封建的人身依附关系日益松弛，商品经济发展，科技文化进步，个体私营经济壮大，全国各地的经济文化交流加强，封建社会中产生了资本主义萌芽。从960年赵匡胤建立北宋到1840年鸦片战争爆发，我国北方的经济遭到了几次很大的破坏。连年的战争，使中原和长江流域地区的社会经济遭到了巨大的破坏，特别是蚕桑丝织业，其损毁程度更是严重。但是向往中原文化的少数民族政权逐渐认识到了桑蚕丝织业在社会经济中的重要作用，转而采取了“劝课农桑”和保护农业的措施，桑蚕丝织业逐渐恢复起来。可以说，这一时期的蚕桑丝绸还是呈现出良性发展的趋势。

（一）统治者对桑蚕丝织的重视

这一时期的统治者总体上对蚕桑丝绸业是重视的，但是这种重视是不连贯的。唐末之后的五代十国持续了五十多年，北方政权交替更迭，战争连绵不断，南方相对稳定，中国的经济重心呈现南移的趋势。北宋建立后，与辽、西夏政权连年对峙，签订了一系列条约，承担了大量的“岁贡”“岁赋”，其中很大一部分是绢、帛类的丝织品，个别年份多达数十万匹。在北方经济遭到严重破坏的情况下，宋朝统治集团要承担这么大的丝织品消耗，必须加大对南方丝织业的开发力度。根据《宋会要》记载，北宋时期从民间征收的丝织品中，南方可以占到四分之三强，而北方只能占不到四分之一。南方的丝织品大部分来自于江浙，全国的蚕桑丝织业呈现出明显南盛北衰的态势。

到了南宋时期，长江以北的大片地区割让给了金国，每年的“岁贡”更是有增无减，偏安一隅的南宋小朝廷只能把南方的桑蚕丝绸业视为经济命脉。根据《宋史》的记载，政府向当地的桑农提供了很多的优惠政策，督导力度大大加强。江浙地区上缴的丝绸每年多达近二百万匹，这个数量已经大于四川地区，成为南方丝绸的生产中心。

南宋缂丝名家朱克柔的传世作品《蛱蝶山茶花》

辽金统治者作为北方南下的少数民族，最初对蚕桑丝绸业没有足够的认识。契丹骑兵四处“打草谷”，金国的猛安谋克户四处放牧，对北方的大片桑树林进行肆意的砍伐与损毁，很多宝贵的桑树被当做木材烧火取暖。但是到了金世宗大定年间，统治者认识到了桑蚕丝织业的重要性，很多猛安谋克户被要求种植桑树，金国许多的城市都开始收

缴桑税，北方的植桑养蚕业得到了初步的恢复和发展。

1235 年，蒙古铁骑开始挥师南下，刚刚恢复起来的蚕桑纺织业又遭到破坏，大量的桑树种植园被夷为牧场，丝织工匠被当做奴隶驱使从事繁重的体力劳动，长江以北的丝绸生产处于停滞状态。到了元世祖忽必烈时期，才开始接受耶律楚材的建议，“劝课农桑”，注意恢复丝绸生产，并且编纂《农桑辑要》来促进农业发展。

虽然历代少数民族统治者最终都能认识到桑蚕丝织业的重要性，但是连年的破坏已经使北方的桑蚕丝织业积重难返，根本无法恢复到唐朝时期的水平，等到了明清时期，桑蚕丝织业的重心已经完全迁移到了江南地区。

江南丝绸古镇盛泽

这一时期，丝绸的产地主要集中在江南地区。江南自宋代成为全国三大丝绸生产中心之一后，经过元代的过渡，到明后期成为全国最为重要的丝绸生产基地，蚕桑丝绸商品生产日益兴盛，表现出普遍化的倾向。南宋时，杭州、苏州、湖州等城镇中已有“机户”“机坊家”“织罗户”等专业机户，开展生产丝绸业务。在湖州

太湖地区地势低洼，适宜栽桑缫丝

等广大乡村，不少农家从事蚕桑织绢副业生产，产品绝大部分作为商品出售，以换取口粮。按照农学家陈旉的说法，十口之家，养蚕十箔，以一月之劳，即可抵过种稻一年的收入。生产形式虽是副业，但生产目的却是为了市场，产品则是商品。

明后期，进入小冰期，世界性气候变冷，适宜种桑养蚕的地域南移。太湖地区地势低洼，气候潮湿，特别适宜栽桑缫丝织绸。湖州、嘉兴、苏州、杭州等地广大农户出于收益考虑，种桑缫丝收入大约三到四倍于种稻，于是纷纷将种植水稻的“田”改为栽种桑树的“地”。到康熙二十年前后，杭嘉湖三府

元代南缫丝图

田减了1463顷，而地升了1671顷。各地蚕桑生产极为兴盛，湖州各县几乎“无不桑之地，无不蚕之家”；嘉兴各地，“土著树桑，十室而九”；杭州各地，“遍地宜桑，春夏间一片绿云”；苏州的吴江等地，清代前期，“乡村间殆无旷土，春夏之交，绿荫弥望。通计一邑，无虑数十万株云”。农家将种桑养蚕所得视为相当于种粮收入的重要来源，吴县洞庭东、西山“贫家富室皆以养蚕为岁熟”，而嘉兴、湖州等地视蚕熟为另一个秋熟。蚕桑生产已经完全商品化和专业化，以至桑秧、桑叶、蚕种和蚕都逐步成为商品，在固定的地区固定的市场出售。

除了长江流域外，广东的珠江三角洲流

域也是明清时期发展起来的另一个桑蚕产区，当时具有地方特色的“桑基鱼塘”，在两广地区得到了大力推广，大大提高了桑叶的产量。

（二）生产技术与生产工具的进步

随着南方桑蚕丝织业的发展，植桑养蚕技术也有了巨大的进步。

首先是桑树品种的增多，元代的《农桑辑要》将桑树分为鲁桑和荆桑两大类。而清代的学者卫杰在其著作《蚕桑萃编》中则将桑种按产地分为鲁桑、荆桑、川桑、湖桑四大类。在桑树的栽培方面，最主要的成就是嫁接技术的使用。嫁接技术在宋代已经得到了普遍的重视，到了元代则更加系统化、科学化。元代的《农桑辑要》详细地总结了嫁接的六种方法，分别是：冠接、根接、皮接、枝接、片芽状接（古时称为靥接）和搭接。先进的嫁接技术使桑树的优良品种和性状得到了充分的发挥，极大地提高了桑叶的产量和质量。

在养蚕技术方面，宋元明清时期也获得了巨大的进步，出版了许多的总结养蚕技术经验的著作。如元代司农编撰的《农桑辑要》将养蚕的要诀总结为“十体”“三光”“八

南宋《耕织图》

宜”“三稀”“五广”等。宋代的《耕种图》详细地记载了蚕桑生产需要进行的“二十四事”，并配以图片进行详细的记述，是中国古代最早的科普读物。明代还发明了杂交技术培育新蚕种的先进方法。根据宋应星《天工开物》的记载，用一化性的雄蚕和二化性的雌蚕进行杂交可以培养出优良的新品种。这一时期的桑蚕饲养技术也有了提高，主要有两种。其中一种是药补，就是用生地黄汁喂蚕，提高蚕丝的韧性和长度。还有固定的方格簇，用来给蚕划定固定的生活空间，使蚕茧的大小整齐划一。陈旉在《农书》中提到了蚕的黑、白、红三种僵病，并对可能导致蚕发病的不利环境条件进行了探讨。

柞蚕是鳞翅目大蚕蛾科柞蚕属，古称野蚕、槲蚕，一种吐丝昆虫，因喜食柞树叶得名。茧可缫丝，主要用于织造柞丝绸。中国是最早利用柞蚕和放养柞蚕的国家。柞蚕这一名称最早见于晋人郭义恭撰《广志》，其中记有“有柞蚕，食柞叶，可以作绵”。中国山东是柞蚕的发源地。据中国近代地理学家张相文及当代历史地理学家侯仁之、史念海等根据《禹贡》等古籍

开化寺北宋立机

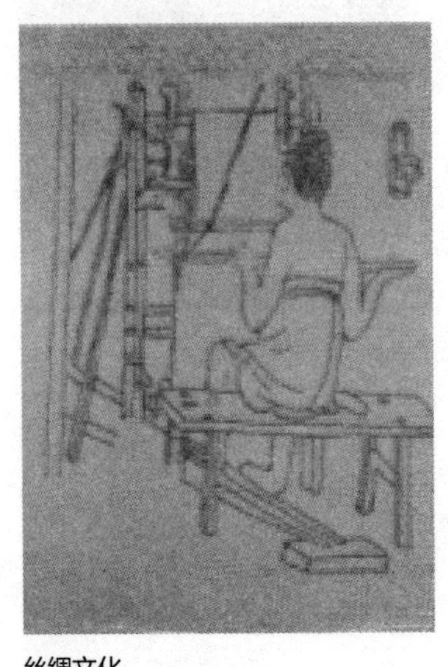

的考证认为，中国柞丝远在周代以前就有了。《禹贡》中所载的青州（山东省）所产的“㯉丝”即柞丝，《管子·地员篇》中提到“其榆其桑”，这就说明早在春秋时期柞树已作为经济林木，备受人们重视。经汉代至明代，古文献中有“野蚕成茧”的记载，柞蚕生产地区分布极广。当时的种茧、放养、织绸技术由官员、蚕师或农民先后传播到河南、贵州、四川、辽宁和吉林等省。

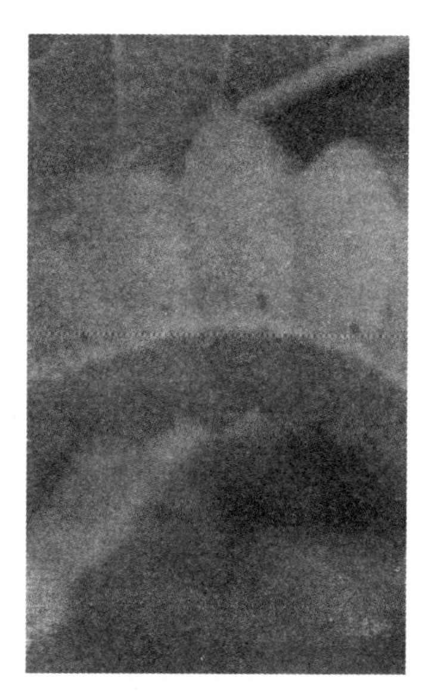

柞蚕

柞蚕的正式大规模放养开始于明代，这一时期，柞蚕的人工放养和柞蚕丝的缫制技术都已经十分成熟。特别是山东地区，人工放养的柞蚕遍布整个胶东半岛。在清代做过“三部”尚书，人称孙国老的山东孙廷铨写了《山蚕说》一文，其中详细地记述了胶东一带农民放养山蚕的情况。书中记述了放养的具体环节：1. 孵卵。时间与柞叶萌发生长情况相适应，一般春蚕在放养前 15 日左右，秋蚕在放养前 8—11 日进行。孵卵温度，春蚕适温和秋蚕适温均有详细的记述，相当于现在的 22—26℃。相对湿度，春蚕和秋蚕都有相近的描述。孵卵后期，卵鸣结束第四天，蚁蚕即破壳而出。2. 放养。常用柞蚕幼虫不喜摄食而喜群集的植物叶引集蚁蚕，均匀撒

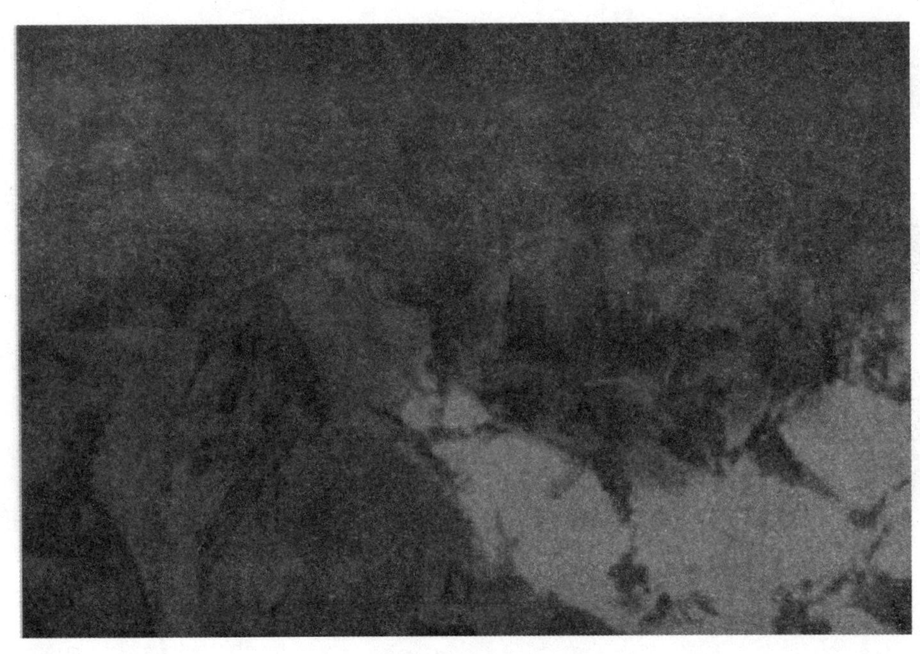

放蚕

放在有新梢嫩叶的柞树上，然后吐丝结茧。之后移入室内，室内饲养面积小，管理方便，又可避免虫、鸟、兽、风、雨、干旱、低温等的侵害。3. 匀蚕。即通过剪枝将分布过密的蚕调整到邻近无蚕或少蚕的柞树上，以利摄食和栖息。4. 移蚕。为使叶质、叶量适合不同龄期柞蚕生长发育的需要并维护柞树生长繁茂，到适当时期将蚕全部移至另一蚕场。一般春蚕多移，秋蚕少移。

在整个放蚕季节，“弥山遍谷，一望蚕丛”，气势蔚为壮观，可见山东的养蚕业十分发达。等到了康熙、雍正、乾隆年间，政府对其特别重视，各地的督抚大员更是极力督导，柞蚕的人工放养技术得到了很大的提高，从选种、留种、育种到放养都形成一套专门技术。并且传播到了河南、陕西、山西、贵州、四川、湖南和安徽等地。

元代木棉纺车

这一时期，蚕丝的缫制技术也有了很大的提高。清代学者王挺在《野蚕录》中有详细的记载。缫丝要经过剥茧、炼茧、蒸茧三道工序。剥茧就是把茧从树上完好地取下来。炼茧就是用掺以草木灰和纯碱的沸水煮蚕，使其丝胶溶解，然后用热釜蒸，去掉碱气，放入缫丝车进行缫制，这样的制作工艺更加科学，有益于提高蚕丝的质量。秦观在《蚕书》中描述了这一时期的缫车，“上有钱眼添丝……如轱辘……右足踏动……曰缫车”。宋元时期的缫车主要是手摇，脚踏还不普遍。等到清代时期，脚踏缫车已经十分普遍了，一个人就可以操作一辆车，缫丝的产量得到了很大的提高。到了明清时代，丝织机的种类增多，绢、帛、锦等织物都有了相应的小机或腰机，还有专门用于编织花纹的花楼提花机。宋应星在《天工开物》中记载了很多丝织机的图样，特别是用于制造丝带的“栏杆机”，不但为汉族的百姓织出了的精美丝带作为装饰品，更被回、维、蒙、藏、苗等

明代缂丝作品《长生殿》

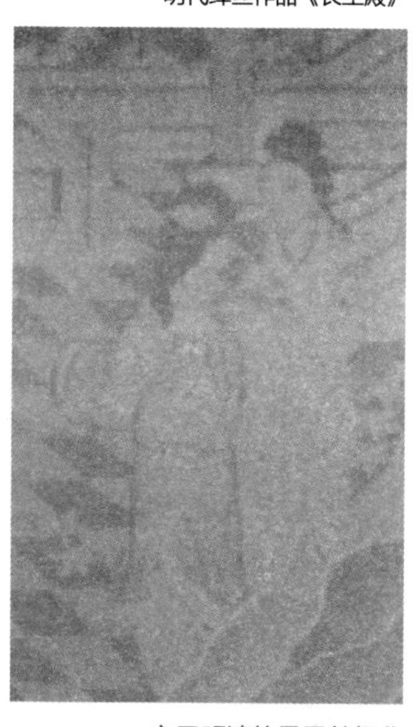

染料植物——靛蓝

兄弟民族广泛使用。到了清代以后，由于棉花产量的增加，棉纺织业飞速发展，逐渐大于丝绸纺织业。所以这一时期的棉纺织机快速进步，而丝织机变化不是很大。

（三）印染练漂技术的继续进步

这一时期的印染练漂技术也得到了很大的提高。在宋代已经由两人对立的单杵竖捣发展为两人对坐的双杵卧捣，极大提高了劳动效率。这在明代徐光启的《农政全书》中有详细的记载，书中还记述了明代人用碱练和酶练相结合的方法。为了减弱碱练对丝织品的破坏，明清时期的工匠普遍用猪胰灰混合浸泡，可以有效地保持丝绸的光泽度。这一工艺被后世一直沿用。

印染技术在这一时期有重大的发展。大量的染料投入使用，丝绸的色彩得到了极大的丰富。绿矾和白矾得到了普遍的使用，成为当时民间重要的媒染剂。江南的民众很多用碇花、黄丹等草木灰代替矾充当媒染剂，其使用分为单媒、多媒、预媒、后媒等多种方法，染色的效果比过去更好。

丝织品的印花技术在这一时期也有了新的发展。特别是染缬技术有了新的提高，大量的官服公服都采用染缬精制而成。染缬中的凸版印花和印金、印银工艺还在兄弟民族地区得到了广泛传播，现在的苗族、瑶族地区还可以找到这种工艺的痕迹。还有宋元时期的镂空印花技术，由西北少数民族发明，元末传入中原的扎经染色等染色工艺，在这一时期均大放异彩。染色的色彩也比过去丰富，根据《天工开物》的记载，丝绸染色的名称可以分为：红、黄、青、绿、黑、紫、白、褐八种颜色，共计色名六十八种。书中不仅列举了近三十种颜色的染色过程，还记述了多种可以提取燃料的植物，其中产于东北地区的鼠李所提取出来的绿色，被国际上称为“中国绿”。

宋元明清时期，丝织品主要分为官营和民营两部分。官营的丝织业规模很大，在宋元时期称为“院”“场”“作”，下设大量的织染局、绫锦局。明代的官府丝织业更是十分发达，在中央称为南、北两京，内、外织染局，属于地方的织染局更是星罗棋布，遍及大江南北。到了清代官府的丝织生产机构有北京的内织局和江宁、苏州、杭州的三处织造局，大量制作的精美绫、绮、绉、罗、锦等丝织品都是由官营丝织局生产的。民营的丝织业在宋元时期还不成规模，但是到了

元代花楼束综提花机

明代缂丝作品

明清两代则获得了很大的发展。南京、苏杭等地均有大量的丝织作坊，特别是在一批新兴的丝绸重镇，如江苏的盛泽、吴兴的菱湖、乌程的乌青、桐乡的濮院等镇，丝织业几乎成了当地农民的主要职业。民营的丝织作坊织造的丝绸在种类上与官营大抵相当，但质量上还是略逊一筹。值得一提的是，随着明清时期封建匠籍制度的瓦解和废除，民间的丝织业得到了巨大的发展，丝织品的商业化程度大大提高了。特别是在江南地区，民间机户的数量大大增加，乾隆、嘉庆年间，根据政府的统计，民间的私人织机有八九万台。随着丝织业的不断竞争和发展，小织户大量的破产，大户则是通过吞并、购买等手段不断地扩大生产和经营规模。冯梦龙的《警世恒言》上就记载了施复通过丝绸发家的故事。可见“以机杼致富者尤多”。小户的境遇就远远不如大户了，一部分通过自己的织机勉强生活，另一部分则是完全丧失生产资料，彻底沦为雇佣工。大户被称为“机户”，小户被称为“机工”，他们之间的雇佣关系是“计日受值”，也就是计时工资，而且很多雇主和雇工的关系已经固定下来，从康熙、雍正年间的历史资料中均可以看到“匠有常主”的记载。雇主通过使用自由的雇佣劳动者从事商品生产，利用所得的利润进行扩大再生产，这样便在丝织业领域形成了原始的资本主义生产关系的萌芽。

（四）丰富多样的丝织品

宋元明清时期，丝织品从花色到品种都有了巨大的提高。锦、绫、绒、绛丝等几大类丝织品生产获得了突破性的发展。其中宋代的织锦（俗称宋锦）、元代的织金锦、明清两代的云锦，都是当时最名贵的丝织品。

织锦在两宋的丝织品中占有极其重要的地位，花色齐全，名目繁多。始于北宋末年，产于苏州，民间俗称宋锦，即宋式锦。朱启钤《丝绣笔记》：“秘锦向以宋织为上。泰兴季先生，家藏淳化阁帖十帙，每帙悉以宋锦装其前后，锦之花纹二十种，各不相犯。先生殁后，家渐中落，欲货此帖，索价颇昂，遂无受者。独有一人以厚赀得之，则揭取其锦二十片，货于吴中机坊为样，竟获重利……今锦纹愈奇，可谓青出于蓝而胜于蓝矣。”学者们通常把泰兴宋裱织锦作为宋锦之源。元以后，宋锦多被作为皇帝赏赐给大臣的贵重物品。至清代，宋锦更在吸取宋代花纹图

苏州织锦

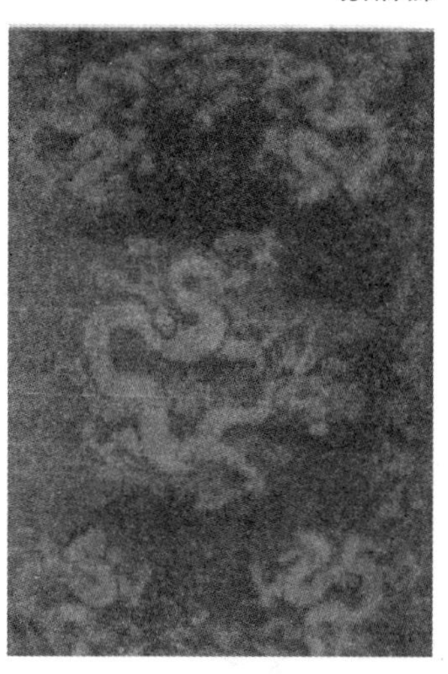

绚烂瑰丽的云锦

案的基础上，采用清式组织，有了较大创新，并成为苏州织锦的统称，到了清末，宋锦主要用于装裱书画。

织金锦是元代最具特色的奢侈品之一，人称“金搭子”。它色彩明丽，深得酷爱金饰品的游牧民族的追捧，更是蒙古上流贵族必备的奢侈品。织金锦的制作方法比较简单，就是把黄金碾碎成切丝镶嵌在织物中，或是把金箔包裹在织物的外面，形成质地柔软的金丝，就可以编织华美的丝织品了。

在明清时期众多精美的丝织品中，最具代表性的就是云锦了。云锦形成于元代，其源可追溯到南朝。南朝前南京无锦，据山谦之《丹阳记》载，刘裕灭后秦，迁其百工于建康成立锦署，结束了江南历代不产锦的历史，以后锦署遂成为南朝各代官府丝织手工业的常设机构。织锦技艺渐进，至明清大兴，并形成显著的自身特点：用料考究，织制精细，大量用金、银丝线装饰织物花纹，织出的花纹瑰丽如云，产生金璧辉煌、绚丽多彩、高贵典雅的艺术效果，也由此使南京云锦日益脱离服饰方面的实用价值，而跻身名贵艺术品的行列。“烂如云锦天机织”，云霞般绚烂瑰丽的云锦，其代表品种库缎（又称摹本缎）、库锦（又称库金、织金）、妆花等等，长期独领风骚，至今仍然享誉国内外，成为中国丝绸文化的杰出代表。

高贵典雅的云锦服饰

六 海上丝路与陆上丝路的并兴

最早关于丝绸贸易的记载见于战国时期古籍

（一）陆上丝绸之路的发展

丝绸作为中国劳动人民的伟大发明，除了满足国内统治阶级和市场的需要之外，还以不同的方式输出国外。

最早关于丝绸贸易的记载见于战国时期的《穆天子传》，书中大量记载了中原商队的西行，以及动辄百吨的丝绸贸易，尤其具有史料价值的是“新疆—葱岭—帕米尔—吉尔吉斯斯坦”的丝绸贸易路线，这与丝绸之路东段的一部分是吻合的。在前苏联的阿尔泰地区和德国南部慕尼黑一代的古墓群中，发现了大量的丝绸残骸，这与《穆天子传》的记载不谋而合。

丝绸之路起点雕塑

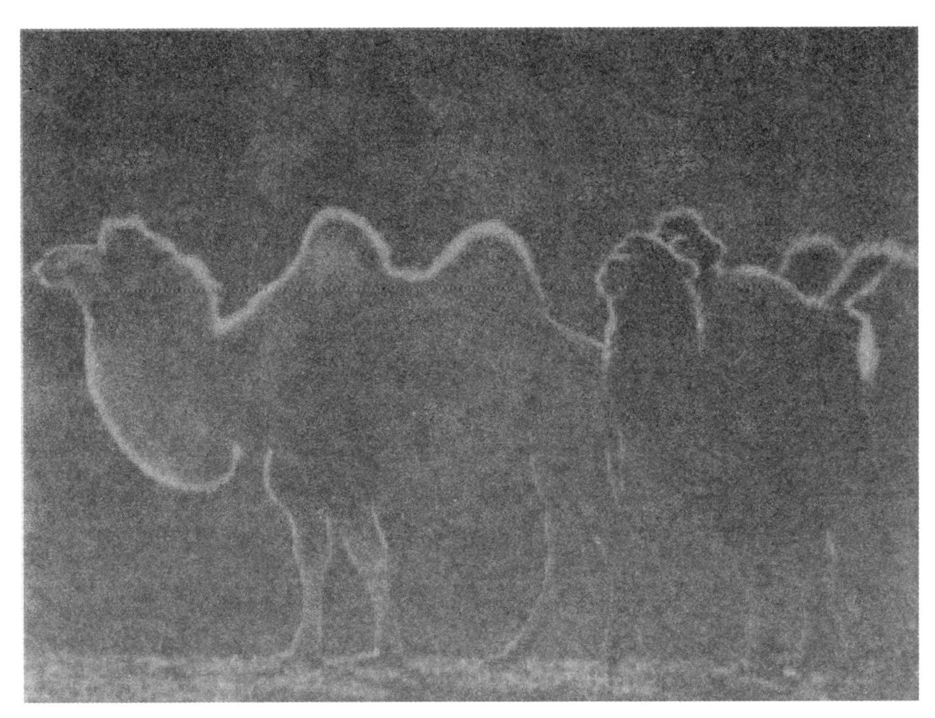

中国很早便开始了丝绸贸易

《史记·货殖列传》中也有关于秦代丝绸贸易的记载："乌氏倮，畜牧，及众，斥卖，求奇缯物间献遗戎王。戎王什倍其偿，与之畜……秦始皇帝令倮比封君，以时与列臣朝请。"就是说有个叫乌氏倮的放牧人，把自己的牛羊卖掉，购买了汉族珍奇的丝绸，并且献给了少数民族的首领，以获取利益。首领给了他十倍的报偿，秦始皇也因为他的商业头脑而很赏识他，封他为列侯。但是汉代以前，中国与西方的丝绸贸易还不是经常性的。

到了秦、汉之际，北边的匈奴迅速强大，

丝绸之路遗址

对汉帝国构成了严重的威胁。汉高祖刘邦为了保持边境的安宁，对匈奴采取和亲、馈赠和缔约的策略。馈赠的主要物品是丝绸，每年都是定数。不但数量较大，而且质量也非常好。到了文帝、景帝时，应匈奴的要求，在长城险要关卡处普遍设有“关市”，丝绸自然是关市交易的主要商品。但同东北其他少数民族之间如乌桓、鲜卑

早在秦代中国就已开始向西域和欧洲输出丝绸

等则是没有关市的。

在中国的南部边疆，中国丝绸最迟在公元前 4 世纪已输入印度。输入的路线约有五条：即西域道、西藏道、缅甸道、安南道和南海道。从印度公元前 4 世纪的史籍中已经可以看到关于“中国成捆的丝”的记载，说明当时中国精美的丝绸已进入了印度半岛，极大地促进了中国与南亚各民族的经济文化交流。

在中国的西部边疆，中国向西域和欧洲的丝绸输出，在秦代以前已经开始，这也是中国丝绸对外输出的主要路径，其国际影响力远远超过其他三个方向。西汉初年，通往西域的道路被迅速崛起的匈奴阻隔。随着汉朝的经济、军事实力的恢复，到了汉武帝时期，派遣张骞两次出使西域，经历了千难万险。第一次是在公元前 138 年，张骞带着百余名随从从长安西行，历时十三年返回长安，向汉武帝报告了在西域的见闻，以及西域各国想和汉朝往来的愿望。这次出使虽然没能达成原定计划，但是掌握了有关西域的大量资料，为日后打通西域奠定了成功的基础。第二次是在公元前 119 年，汉武帝派张骞第二次出使西域。张骞率领使团三百多人，带牛羊一万头，金币绢帛数千巨万，作为馈赠礼物，加上当时汉王朝军事上的胜利，成功地访问了西域的许多国家。西域各国也派使节回访长安。汉朝和西

莫高窟壁画记载了当年张骞出使西域的景象

丝绸之路遗址

域的交往从此日趋频繁。张骞第二次出使获得成功，打开了中原同西域之间的通道，开始了同西域各国的商贸和文化交往，闻名古今中外的“丝绸之路”在汉王朝与西域少数民族的共同努力下逐渐形成了。

“丝绸之路”这个词的出现最早是见于西方的，19世纪末，德国的地理学家李希德·霍芬在中国的甘肃省和新疆维吾尔自治区考察时，看到从东面来的商队，便想这是否就是古代运送丝织品的通道，他在其所著的《中国》一书的第一卷中第一次将这条路命名为“丝绸之路”，此后这个词汇便被应用于专指这条连接东西方的贸易之路。

丝绸之路是历史上第一条横贯欧亚大陆的贸易交通线

玉门关

丝绸之路一般可分为三段，而每一段又都可分为北中南三条线路（为了便于阅读，文中大都使用现代城市名称）。

东段：从长安到玉门关、阳关。（汉代开辟）

中段：从玉门关、阳关以西至葱岭。(汉代开辟)

西段：从葱岭往西经过中亚、西亚直

丝绸之路途经沙漠地区

到欧洲。（唐代开辟）

以下为丝路各段上的重要城市名称。

东段路线：

东段各线路的选择，多考虑翻越六盘山以及渡黄河的安全性与便捷性。三线均由长安或者洛阳出发，到武威、张掖汇合，再沿河西走廊至敦煌。

北线：从泾川、固原、靖远至武威，路线最短，但沿途缺水、补给不易。

南线：从凤翔、天水、陇西、临夏、乐都、西宁至张掖，沿途水源较为丰富，但路途漫长。

中线：从泾川转往平凉、会宁、兰州至武威，距离和补给均属适中。

公元 10 世纪，北宋政府为绕开西夏，开辟了从天水经青海至西域的“青海道”，成为宋以后一条新的商路。

中段路线：

中段主要是西域境内的诸线路，它们随绿洲、沙漠的变化而时有变迁。三线在

玉门关雅丹魔鬼城遗址

塔克拉玛干沙漠

中途尤其是安西四镇多有分岔和支路。

南线：东起阳关，沿塔克拉玛干沙漠南缘，经若羌、和田、莎车等至葱岭。

中线：起自玉门关，沿塔克拉玛干沙漠北缘，经罗布泊、吐鲁番、焉耆、库车、阿克苏、喀什到费尔干纳盆地。

北线：起自安西，经哈密、吉木萨尔、伊宁，直到碎叶。

西段路线：

自葱岭以西直到欧洲都是丝绸之路的

帕米尔雪山

西段，它的北中南三线分别与中段的三线相接对应，其中经里海到君士坦丁堡的路线是在唐朝中期开辟的。

北线：沿咸海、里海、黑海的北岸，经过碎叶、怛罗斯、阿斯特拉罕等地到伊斯坦布尔。

中线：自喀什起，走费尔干纳盆地、撒马尔罕、布哈拉等到伊朗，与南线汇合。

南线：起自帕米尔山，可由克什米尔

古埃及狮身人面像

进入巴基斯坦和印度，也可从白沙瓦、喀布尔、马什哈德、巴格达、大马士革等前往欧洲。

那时，丝绸成为罗马人狂热追求的对象。古罗马的市场上丝绸的价格曾上扬至每磅约十二两黄金的天价，这造成罗马帝国黄金大量外流，迫使元老院断然制定法令禁止人们穿着丝衣。根据史料记载，克利奥帕特拉，这位埃及历史上著名的艳后也是一位丝绸爱好者，她经常穿着丝绸外衣接见使节，并酷爱丝绸制品。

然而，当中国进入东汉时代以后，由于内患的不断增加，自汉哀帝以后的政府放弃了对西域的控制，令西域内部纷争不断，后期连年不断的战争更令出入塔克拉玛干的商路难以通行。当时的中国政府为防止西域的动乱波及本国，经常关闭玉门关，这些因素最终导致丝路东段天山北南路的交通陷入半通半停，丝绸贸易陷于停滞状态。

到了公元 7 世纪到 12 世纪，丝绸之路迎来了二度繁荣，随着中国进入强盛的唐代，西北丝绸之路再度引起了中国统治者的关注。为了重新打通这条商路，中国政府借击破突厥的时机，一举控制西域各国，并设立安西四镇作为中国政府控制西域的机构，新修了唐玉门关，再度开放沿途各

东汉时期，商路难行，丝绸贸易也陷入了停滞 状态

在某种意义上说，丝绸之路代表了中国悠久灿烂的文化

关隘，还打通了天山北路的丝路分线，将西线打通至中亚。这样一来，丝绸之路的东段再度开放，新的商路支线被不断开辟，加上这一时期东罗马帝国、波斯保持了相对的稳定，令这条商路再度迎来了繁荣时期，中国的丝绸、瓷器等奢侈品再次步入西方贵族的藏宝室。安史之乱后的唐朝开始衰落，西藏吐蕃越过昆仑山北进，侵占了西域的大部。中国北方地区战火连年，丝绸、瓷器的产量不断下降，商人也为求自保而不愿远行。西北丝路的衰落日益明显，而南方丝绸之路与海上丝路的开辟，逐渐有取代西北丝路的现象，丝绸之路再次陷于混乱。

蒙古铁骑

13世纪以后，中国迎来了另一个少数民族的统治时期——元朝。勇猛善战的蒙古骑兵不但摧毁了大量的城市，也摧毁了以往在丝绸之路上的大量关卡和腐朽的统治，令丝绸之路的通行比以往各个朝代都要通畅便利。元朝的统治者，对这些从西方前来的商人抱以非常欢迎的态度，古老的丝绸之路得到了恢复和发展，马可·波罗和长春真人丘处机的游记中就体现了这一点。

随着历史的脚步逐渐步入14世纪，包括中国在内的亚欧大陆逐渐进入了寒冷的阶段，中国人称其为“明清小冰期”，西域地区已不再适合当时的人类居住。西北丝绸之路的东端几乎已经荒废。而西域各古国大多已不复存在，成为流沙之中见证丝路辉煌的历史遗迹，永远尘封在人们的记忆中。

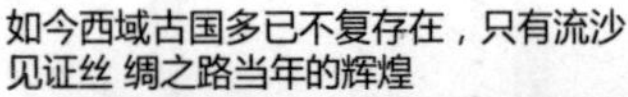

如今西域古国多已不复存在，只有流沙见证丝 绸之路当年的辉煌

20世纪40年代后，丝绸之路沿线的许多地方，如武威、敦煌、楼兰、吐鲁番、和田，以及俄罗斯境内的奥格拉格提等许多地方，先后出土了两汉时期的绢、纱、罗、绫、锦等各种丝织品，给我们今天考察当年丝绸之路上的丝绸贸易和我国古代丝绸

海上丝绸之路

生产提供了珍贵的实物资料，也见证了那段曾经辉煌的历史。

（二）海上丝绸之路的发展

除了陆上丝绸之路，当时还有一条海上丝绸之路。海上丝路起于秦汉，隋唐时期与陆上丝路并行发展，到了唐安史之乱后，中国经济重心南移，海上丝路的地位逐渐提高，到了宋元时期尤其繁盛，明初达到顶峰，明中叶伴随着政治斗争和海禁而衰落。

《汉书·地理志》上有关于海上丝绸之路最早的记载。秦、汉时期，东南沿海地区的人民已“好桑茧织绩”，现在广东雷州半岛的徐闻和广西的合浦等城市，已发展成为重要的贸易口岸。中国海船从两地出发，带着黄金和丝绸，前往东南亚一带开展贸易，交换东南亚各国的奇珍物产。书中还对当时的贸易路线和航程作了简要的介绍，从徐闻或合浦出发，行船一个月左右，可到都元国（今越南港口），又行四个月到邑卢没国（今泰国），再行船二十多日到湛离国（今缅甸丹那沙林）、夫甘都卢国（今缅甸）和黄支国(今印度康契普拉姆)，然后从已程不国(今斯里兰卡）返航，经皮宗国回国。这条环绕

古代海上丝绸之路图

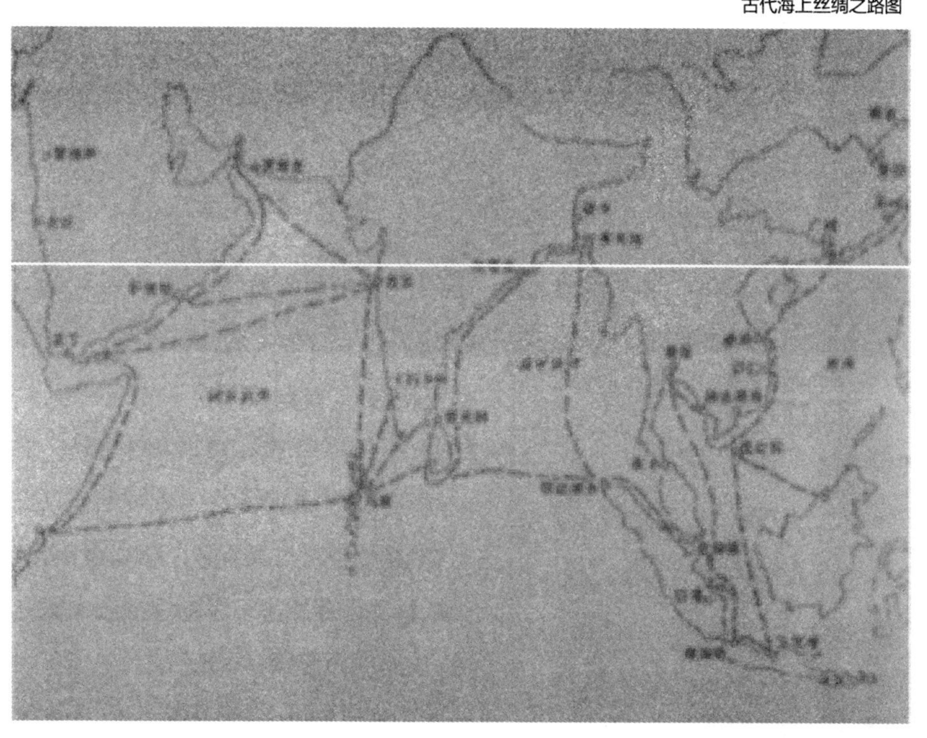

登州（今烟台）被誉为海上“丝绸之路”的起点

东南亚的航路被叫做“南海丝绸之路”，也就是通常所说的“海上丝路”。近年来，在这条丝路起点的许多墓穴中特别是合浦墓中，发现大量的琉璃、珠玉、玛瑙、水晶等物，可能就是用丝绸交换来的东南亚各国的特产。

中国各个时代的海上丝路的重要起点有番禺（后改称广州）、登州（今烟台）、扬州、明州（今宁波）、泉州、刘家港等。同一朝代的海上丝路起点可能有两处乃至更多，规模最大的港口是广州和泉州。广州从秦汉直到唐宋一直是中国最大的商港。明清实行海禁，广州又成为中国唯一对外开放的港口。泉州发端于唐，宋元时成为

“汉代海上丝路始发港”遗址

东方第一大港，侨居的外商多达万人，乃至十万人以上。历代海上丝路，亦可分三大航线：

1. 东洋航线由中国沿海港口至朝鲜、日本。

2. 南洋航线由中国沿海港口至东南亚诸国。

3. 西洋航线由中国沿海港口至南亚、阿拉伯和东非沿海诸国。

海上丝绸之路虽然不及陆上丝绸之路繁荣，但它沟通了中国东南沿海地区与东南亚各国的交往，促进了各国的经济文化交流，其意义是举足轻重的。陆上与海上丝绸之路的开辟与发展，不仅畅通了中国同西亚、欧

吐鲁番出土的织锦

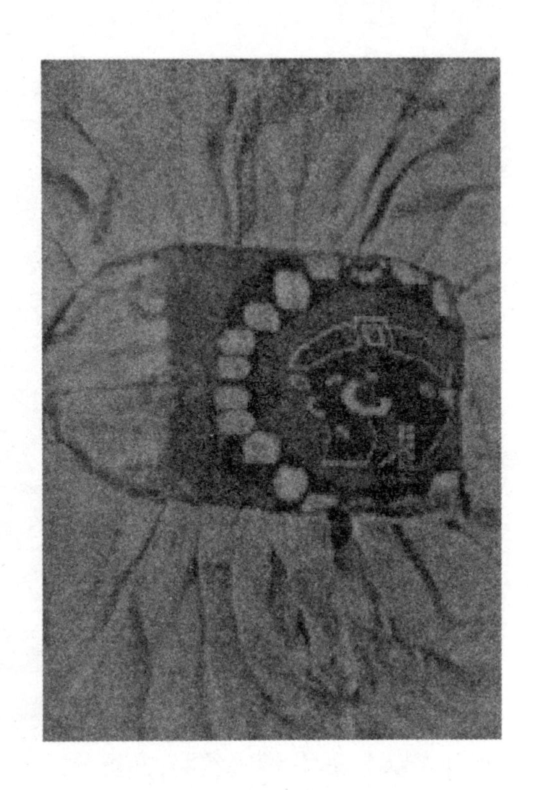

描绘丝绸之路繁荣贸易景象的壁画

敦煌出土的织物

中国同南亚、东南亚各国之间丝绸运销的交通，还带去了华贵的丝和丝织品，美化了当地人民的生活和服饰，加速了这些地区的文明进程，有的地区甚至跨越几个发展阶段，从身披麻布的半裸体状态一下飞跃到穿着华贵的丝绸阶段。向东传入了朝鲜、日本及东南亚各国，向西传入了波斯、中亚、罗马以及西欧各国，使蚕桑种子和养蚕织绸技术成为了东西方共同的物质文化遗产。当然，两条黄金贸易路线传播的不仅仅是丝绸，还有瓷器、冶铁、炼钢和打井技术。与此相应，

织锦上的吉祥图案

国外许多有益的东西也传入了中国，如葡萄、苜蓿、胡麻、黄瓜、胡椒、胡桃等，据说都是张骞带回来的。此外，还有地毯、毛织物、蓝宝石、金银器、玻璃制品、珍珠、土耳其石以及罗马、波斯的银币等，极大地丰富了中国的物质文化生活。正是这条丝绸之路，拉近了中国与世界的关系，其文化影响力已经远远大于丝绸本身了。

织锦上籽粒繁多的石榴、葡萄是对多子多福的祈求